Bibliographic information published by the German National Library:

The German National Library lists this publication in the National Bibliography; detailed bibliographic data are available on the Internet at http://dnb.dnb.de .

Imprint:

Print and binding: Books on Demand GmbH, Norderstedt Germany
ISBN: 9783668608764

This book at GRIN:

https://www.grin.com/document/386904

Nevena Stankovic

Stanja i reprezentacije C*-algebri

GRIN Publishing

Univerzitet u Nišu
Prirodno-matematički fakultet
Departman za matematiku

Stanja i reprezentacije C*-algebri

master rad

Student:
Nevena Stanković

Niš, 2017.

Sadržaj

1 Uvod 2

2 C*-algebre 4

2.1 Osnovni pojmovi . . . 4

2.2 Spektralna analiza . . . 11

2.3 Pozitivni elementi . . . 13

2.4 Aproksimativne jedinice i količničke algebre . . . 15

3 Stanja C*-algebre 20

4 Reprezentacije C*-algebre 28

4.1 Pojam reprezentacije C*-algebre . . . 28

4.2 Konsturisanje reprezentacija C*-algebre . . . 36

4.3 Egzistencija reprezentacija C*-algebre . . . 42

4.4 Reprezentacije komutativne C*-algebre . . . 44

5 Primene teorije C*-algebri 48

5.1 Klasična mehanika . . . 48

5.2 Kvantna mehanika . . . 50

6 Zaključak 53

Literatura 54

Biografija 55

Glava 1

Uvod

Temelje algebri operatora postavio je Džon fon Nojman početkom dvadesetog veka kada su fizičari, vodeći se potrebom da objasne nepravilnosti na koje su naišli u eksperimentima, počeli da otkrivaju kvantnu mehaniku. Ta nova grana fizike je u malom vremenskom periodu dovela do mnogih zapanjujućih teorija koje su neki naučnici smatrali skandaloznim. Zato se javila potreba da se razvije matematički alat koji bi omogućio da kvantna fizika, koja je tada bila skup nagađanja, postane naučna teorija. Fon Nojman je proučavao specijalan slučaj C*-algebri, koje su danas, njemu u čast, poznate kao fon Nojmanove algebre, a njegov rad su uopštili Mark Naimark, Izrael Geljfand i Irving Sigal čija imena nosi GNS konstrukcija, jedan od glavnih rezultata C*-algebri koji opisuje način konstruisanja reprezentacije C*-algebre. Dve najznačanije teoreme ovog rada, nazavne po Geljfandu i Naimarku, predstavljaju način na koji stanja i reprezentacije C*-algebri pružaju mogućnost prelaska sa topoloških na algebarske strukture i korišćenja rezultata poznatih u algebri za dokazivanje tvrđenja za koja topološka struktura nije pogodna.

U prvoj glavi ovog rada uvedeni su osnovni pojmovi C*-algebri i teoreme koje opisuju njihova svojstva. Ona predstavlja svojevrsno uvodno izlaganje aparature potrebne za proučavanje stanja i reprezentacija C*-algebri, stoga je većina teorema iskazana bez dokaza, delom zbog trivijalnosti, a delom da se ne bi fokus ovog rada preobimnim uvodom skrenuo sa teme.

U drugoj glavi definisan je pojam pozitivnog linearnog funkcionala C*-algebre i izvedena su neka njegova svojstva neophodna za dalji rad, kao što su veza između pozitivnog linearnog funkcionala i aproksimativnih jedinica C*-algebre. Ova glava, takođe, sadrži definicije stanja i čistog stanja i teoreme koje opisuju strukturu skupa svih stanja C*-algebre i njegovog odnosa sa skupom svih čistih stanja C*-algebre.

Treća glava sadrži definiciju pojma reprezentacije C*-algebre, način konstruisanja stanja polazeći od reprezentacije i obratno, kao i dokaz da je za svaku C*-algebru moguće konstruisati čisto stanje i reprezentaciju. Dokazana je i teorema koja predstavlja uopštenje Han-Banahove teoreme sa ograničenih linearnih funkcionala normiranog prostora na stanja C*-algebre, kao i dve Geljfand-Naimarkove teoreme od kojih jedna uspostavlja vezu između proizvoljne C*-algebre i algebre ograničenih linearnih operatora na Hilbertovom prostoru, a druga između komutativne C*-algebre i algebre svih kompleksnih neprekidnih funkcija koje iščezavaju u beskonačnosti, definisanih na lokalno kompaktnom Hausdorfovom prostoru.

Poslednja glava opsiuje neke od mnogobrojnih primena rezultata izvedenih u ovom radu i njihovih posledica.

Zahvaljujem svom mentoru dr Draganu Đorđeviću na podršci prilikom odabira teme, kao i na svim sugestijama i pomoći prilikom izrade ovog rada.

Glava 2

C*-algebre

2.1. Osnovni pojmovi

Svi vektorski prostori biće definisani nad poljem kompleksnih brojeva $\mathbb{C}$, osim ukoliko je drugačije naglašeno.

Definicija 2.1.1. Neka je $\mathcal{A}$ vektorski prostor nad $\mathbb{C}$ takav da je $(\mathcal{A}, +, \cdot)$ prsten i da važi:

$$(\forall a, b \in \mathcal{A})(\forall \lambda \in \mathbb{C})\ \lambda(ab) = (\lambda a)b = a(\lambda b).$$

Tada je $\mathcal{A}$ (kompleksna) *algebra*. Podskup $\mathcal{B}$ skupa $\mathcal{A}$ koji je i sam algebra u odnosu na operacije definisane na $\mathcal{A}$, naziva se *podalgebra* algebre $\mathcal{A}$. Ako je $\mathcal{A}$ komutativni prsten, onda je $\mathcal{A}$ *komutativna (Abelova) algebra.* Ako postoji $\mathbb{1} \in \mathcal{A}$ takav da važi:

$$(\forall a \in \mathcal{A})\ \mathbb{1} \cdot a = a \cdot \mathbb{1} = a,$$

onda se element $\mathbb{1}$ naziva *jedinica* algebre, a $\mathcal{A}$ je tada *algebra sa jedinicom.*

Definicija 2.1.2. Neka je $\mathcal{A}$ algebra. Ako je $\mathcal{A}$ normiran prostor sa normom $\|\cdot\|$, u kome važi osobina submultiplikativnosti:

$$(\forall a, b \in \mathcal{A})\ \|ab\| \leq \|a\|\|b\|,$$

onda je $\mathcal{A}$ *normirana algebra.* Ako je pri tom $\mathcal{A}$ Banahov prostor, onda je $\mathcal{A}$ *Banahova algebra.*

Norma na vektorskom prostoru indukuje topologiju i, ukoliko nije drugačije naglašeno, nadalje će se svi topološki pojmovi odnositi na tu topologiju.

Definicija 2.1.3. Neka je $\mathcal{A}$ algebra. Involucja u $\mathcal{A}$ je preslikavanje $a \mapsto a^*$, $a \in \mathcal{A}$ takvo da za sve $a, b \in \mathcal{A}$ i svako $\alpha \in \mathbb{C}$ važi:

(1) $a^{**} = a$;
(2) $(a+b)^* = a^* + b^*$;
(3) $(ab)^* = b^*a^*$;
(4) $(\alpha a)^* = \overline{\alpha} a^*$.

Ukoliko na $\mathcal{A}$ postoji ovakvo preslikavanje onda je $\mathcal{A}$ *algebra sa involucijom* ili **-algebra*. Ako je $\mathcal{A}$ pri tom i Banahova algebra onda se ona naziva *Banahova *-algebra*.

Definicija 2.1.4. Podskup X *-algebre $\mathcal{A}$ je *samoadjungovan* ako za svako $x \in X$ važi $x^* \in X$.

Definicija 2.1.5. *C*-algebra* je Banahova *-algebra $\mathcal{A}$ za koju važi uslov:

$$(\forall a \in \mathcal{A})\ \|a\|^2 = \|a^* a\|.$$

Ukoliko je podalgebra $\mathcal{B}$ C*-algebre $\mathcal{A}$ i sama C*-algebra onda se $\mathcal{B}$ naziva *C*-podalgebra* algebre $\mathcal{A}$.

Neka je $\mathcal{A}$ C*-algebra i neka je $a \in \mathcal{A} \backslash \{0\}$. Na osnovu uslova iz prethodne definicije i submultiplikativnosti sledi da je $\|a\|^2 = \|a^*a\| \leq \|a^*\|\|a\|$, odakle sledi $\|a\| \leq \|a^*\|$. Ako isti postupak primenimo na a^* doći ćemo do važnog zaključka, koji ćemo često koristiti bez eksplicitnog naglašavanja:

$$\|a\| = \|a^*\|.$$

Primer 2.1.1. Skup kompleksnih brojeva $\mathbb{C}$ sa operacijama sabiranja i množenja kompleksnih brojeva, konjugacijom kao involucijom i modulom kompleksnog broja kao normom, čini C*-algebru.

Iako je prethodni primer najintuitivniji, motivacija za uvođenje pojma C*-algebre je struktura Hilbertovih prostora, tj. skupa ograničenih linearnih operatora na njima. Izraz „C*-algebra" je prvi put upotrebio američki matematičar Irving Sigal 1946. godine u radu „Ireducibilne reprezentacije algebri operatora" i to da opiše algebru ograničenih linearnih operatora Hilbertovog prostora koja je zatvorena i samoadjungovana, što i objašnjava taj naziv- „C" označava zatvorenost (*closed*, eng.), a „*" samoadjungovanost. U sledećem primeru podsetićemo se ukratko pomenute strukture, a zatim ćemo videti još neke važne primere C*-algebri.

Primer 2.1.2. Operator A definisan na Hilbertovom prostoru H je *ograničen* ako postoji $M \geq 0$ takav da je:

$$(\forall x \in H)\ \|Ax\| \leq M\|x\|.$$

Normu na skupu svih ograničenih linearnih operatora na H možemo definisati na sledeći način:

$$\|A\| = \sup\{\|Ax\|;\ x \in H, \|x\| = 1\}$$

Lako je dokazati još jedan izuzetno važan rezultat, da za ograničen linearan operator A na H važi:

$$(\forall x \in H)\ \|Ax\| \leq \|A\|\|x\|.$$

Skup svih ograničenih linearnih operatora na H označavamo sa $\mathcal{B}(H)$ i ako na njemu definišemo operacije sabiranja i množenja operatora na uobičajen način dobićemo algebru, i to normiranu jer iz:

$$(\forall x \in X)\ \|ABx\| = \|A(Bx)\| \leq \|A\|\|Bx\| \leq \|A\|\|B\|\|x\|$$

sledi $\sup\{\|ABx\|;\ x \in X, \|x\| = 1\} \leq \|A\|\|B\|$ pa zaključujemo da važi osobina submultiplikativnosti $\|AB\| \leq \|A\|\|B\|$. Zbog kompletnosti u odnosu na definisanu normu, $\mathcal{B}(H)$ je Banahova algebra. Sa A^* označavamo *adjungovan operator* operatora A, koji je određen sa:

$$(\forall x, y \in H)\ (Ax, y) = (x, A^*y).$$

Lako je dokazati da važi $(A^*)^* = A$, $(A+B)^* = A^* + B^*$, $(BC)^* = C^*B^*$, $(\lambda A)^* = \overline{\lambda}A^*$, $\|A^*\| = \|A\|$ pa zaključujemo da je adjungovanje operatora involucija na H, tj. $\mathcal{B}(H)$ je Banahova *-algebra. Dokažimo da je $\mathcal{B}(H)$ C*-algebra:

$$\|A\|^2 = \sup_{\|x\|=1} \|Ax\|^2 = \sup_{\|x\|=1} (Ax, Ax) = \sup_{\|x\|=1} (x, A^*Ax),$$

primenjujući nejednakost Koši-Švarca, po kojoj za proizvoljne elemente x, y normiranog prostora X važi $\|(x,y)\|^2 \leq (x,x)(y,y)$, dobijamo:

$$\|A\|^2 \leq \sup_{\|x\|=1} \|A^*Ax\|\|x\| = \sup_{\|x\|=1} \|A^*Ax\| = \|A^*A\| \leq \|A^*\|\|A\| = \|A\|^2$$

odakle zaključujemo da važi:

$$\|A\|^2 = \|A^*A\| = \|A^*\|\|A\|.$$

Primer 2.1.3. Ako su X i Y normirani prostori i $K : X \to Y$ linearno preslikavanje onda je K *kompaktan operator* ako svaki ograničen podskup od X preslikava u relativno kompaktan podskup od Y. Sa $\mathcal{K}(X,Y)$ označavamo sve kompaktne operatore iz X u Y, tj. sa $\mathcal{K}(X)$ ukoliko je $Y = X$. Za Hilbertov prostor H, $\mathcal{K}(H)$ je podprostor od $\mathcal{B}(H)$, pri tom je zatvoren i samoadjungovan pa je $\mathcal{K}(H)$ (sa uobičajenim operacijama sabiranja i množenja operatora, operatorskom normom i adjungovanjem operatora kao involucijom) C*-algebra.

Primer 2.1.4. Neka je X lokalno kompaktan Hausdorfov prostor i neka je $C_0(X)$ skup svih neprekidnih kompleksnih funkcija na X koje iščezavaju u beskonačnosti, tj. za svako f iz ovog skupa i za svako $\epsilon > 0$ postoji kompakt $K \subseteq X$ takav da je $(\forall x \in X \backslash K)\ |f(x)| < \epsilon$. Definišimo na $C_0(X)$ operacije sabiranja vektora, množenja vektora skalarom, množenja vektora, normu i involuciju, redom, sa:

$$(f+g)(x) = f(x) + g(x),$$
$$(\alpha f)(x) = \alpha f(x),$$
$$(fg)(x) = f(x)g(x),$$
$$\|f\| = \sup_{x \in X} |f(x)|,$$
$$f^*(x) = \overline{f(x)},$$

gde su $f, g \in C_0(X)$, $x \in X$ i $\alpha \in \mathbb{C}$ proizvoljni. Lako je dokazati da je $C_0(X)$, sa ovako definisanim operacijama, komutativna C*-algebra.

Ako je μ mera na prostoru X onda je $H = L^2(X; \mu)$, tj. prostor svih kompleksnih funkcija definisanih na X koje su kvadratno integrabilne u odnosu na μ, Hilbertov prostor sa skalarnim proizvodom definisanim sa:

$$(f, g) = \int_X f \bar{g} d\mu,$$

za proizvoljne funkcije $f, g \in H$. U ovom slučaju $C_0(X)$ je C*-podalgebra od $\mathcal{B}(H)$ koja sadrži multiplikativne operatore na H, u smislu da se svako $f \in C_0(X)$ može poistovetiti sa operatorom $M_f : H \to H$ definisanim sa $(\forall g \in H)\ M_f g = fg$.

Primer 2.1.5. Ukoliko je u prethodnom primeru X kompaktan skup onda će za svako $\epsilon > 0$ postojati kompakt $K = X$ takav da je $(\forall x \in X \backslash K)\ |f(x)| < \epsilon$ pa će sve funkcije iščezavati u beskonačnosti, a C*-algebra $C_0(X)$ će se svesti na C*-algebru $C(X)$ svih neprekidnih kompleksnih funkcija definisanih na X.

Primer 2.1.6. Prostor $\mathbb{M}_n(\mathbb{C})$ svih kompleksnih $n \times n$ matrica (koje se mogu posmatrati kao linearni operatori prostora $\mathbb{C}^n$ u odnosu na standardnu ortonormiranu bazu), sa operacijama množenja matrica skalarom i sabiranja i množenja matrica definisanim na uobičajen način je nekomutativna algebra. Za normu možemo uzeti operatorsku normu, a involuciju definisati sa $A^* = [\overline{a}_{ji}]$, za matricu $A = [a_{ij}]$, i doći ćemo do zaključka da je $\mathbb{M}_n(\mathbb{C})$, sa ovako definisanim operacijama, C*-algebra.

Ukoliko C*-algebra $\mathcal{A}$ ima jedinicu onda je ona jedinstvena. Zaista, ako pretpostavimo da su $\mathbb{1}$ i $\mathbb{1}'$ jedinice algebre $\mathcal{A}$ onda je $\mathbb{1} = \mathbb{1}\mathbb{1}' = \mathbb{1}'$. Takođe važi $\mathbb{1}^* = \mathbb{1}$ jer je za proizvoljno $a \in \mathcal{A}$:

$$a\mathbb{1}^* = (\mathbb{1}a^*)^* = (a^*)^* = a, \quad \mathbb{1}^*a = (a^*\mathbb{1})^* = (a^*)^* = a.$$

Kako je $\|\mathbb{1}\| = \|\mathbb{1}^*\mathbb{1}\| = \|\mathbb{1}\|^2$ to mora biti $\|\mathbb{1}\| = 1$ ili $\|\mathbb{1}\| = 0$. U daljem radu će se pretpostavljati da je $\|\mathbb{1}\| = 1$ jer pretpostavka da važi $\|\mathbb{1}\| = 0$ vodi do trivijalne algebre zbog:

$$(\forall a \in \mathcal{A})\ \|a\| = \|\mathbb{1}a\| \leq \|\mathbb{1}\|\|a\| = 0.$$

Algebra ne mora sadržati jedinicu, npr. za algebru $\mathcal{B}(H)$ jedinica je identičko preslikavanje koje jeste ograničen linearan operator, ali je kompaktan ako i samo ako je H konačno dimenzionalan pa $\mathcal{B}(H)$ sadrži jedinicu, ali $\mathcal{K}(H)$ ima jedinicu ako i samo ako je Hilbertov prostor H konačno dimenzionalan. Za algebru $C_0(X)$, jedinica je konstantno preslikavanje koje sve elemente slika u 1 i ono će iščezavati u beskonačnosti na X ako i samo ako je X kompaktan. Nepostojanje jedinice algebre može znatno otežati analiziranje te algebre, ali se mnoge poteškoće mogu prevazići na relativno lak način- proširivanjem algebre jedinicom.

Neka je $\mathcal{A}$ C*-algebra bez jedinice. Označimo $\tilde{\mathcal{A}} = \{(\alpha, a);\ \alpha \in \mathbb{C}, a \in \mathcal{A}\}$ i na ovom skupu definišimo operacije sabiranja i množenja vektora, množenja vektora skalarom i involucije, redom sa:

$$\begin{aligned}(\alpha, a) + (\beta, b) &= (\alpha + \beta, a + b),\\ (\alpha, a)(\beta, b) &= (\alpha\beta, \alpha b + \beta a + ab),\\ \lambda(\alpha, a) &= (\lambda\alpha, \lambda a),\\ (\alpha, a)^* &= (\bar{\alpha}, a^*),\end{aligned}$$

gde su $(\alpha, a), (\beta, b) \in \tilde{\mathcal{A}}$ i $\lambda \in \mathbb{C}$ proizvoljni. Lako je proveriti da je $\tilde{\mathcal{A}}$ *-algebra u odnosu na navedene operacije. Nula ove algebre je $(0, 0)$, a jedinica je $(1, 0)$. Definišimo normu na $\tilde{\mathcal{A}}$ sa:

$$\|(\alpha, a)\| = \sup\{\|\alpha b + ab\|;\ b \in \mathcal{A}, \|b\| = 1\}.$$

Dokažimo da ovako definisano preslikavanje jeste norma na $\tilde{\mathcal{A}}$. Za proizvoljne $(\alpha, a), (\beta, b) \in \tilde{\mathcal{A}}$ i $\lambda \in \mathbb{C}$ je:

$$\|(\alpha, a)\| = \sup_{\|b\|=1} \|\alpha b + ab\| \geq 0;$$

$$\|\lambda(\alpha, a)\| = \|(\lambda\alpha, \lambda a)\| = \sup_{\|b\|=1} \|\lambda\alpha b + \lambda ab\| = |\lambda|\|(\alpha, a)\|;$$

$$
\begin{aligned}
\|(\alpha, a) + (\beta, b)\| = \|(\alpha+\beta, a+b)\| &\le \sup_{\|c\|=1} (\|\alpha c + ac\| + \|\beta c + bc\|) \\
&\le \sup_{\|c\|=1} \|\alpha c + ac\| + \sup_{\|c\|=1} \|\beta c + bc\| \\
&= \|(\alpha, a)\| + \|(\beta, b)\|.
\end{aligned}
$$

Preostalo je još da se pokaže da je $\|(\alpha, a)\| = 0 \Leftrightarrow (\alpha, a) = (0, 0)$. Dokaz jednog smera ove ekvivalencije je trivijalan, pa ćemo pokazati samo da važi smer sa leva na desno. Kako je $\|(0, a)\| = \|a\|$ to, za $\alpha = 0$, iz $\|(\alpha, a)\| = 0$ sledi da je $a = 0$. Ako $\alpha \neq 0$ i $\|(\alpha, a)\| = 0$ onda uočimo da je $\alpha b + ab = 0$ za sve $b \in \mathcal{A}$, jer će za elemente $b \neq 0$ za koje je $\|b\| \neq 1$ važiti $\frac{1}{\|b\|}(\alpha b + ab) = 0$. Zato će za sve $b \in \mathcal{A}$ biti $\frac{a}{\alpha}b + b = 0$, tj. $b = -\frac{a}{\alpha}b$ odakle zaključujemo da je $-\frac{a}{\alpha}$ leva jedinica algebre $\mathcal{A}$, a očigledno je da je tada $(-\frac{a}{\alpha})^*$ desna jedinica u $\mathcal{A}$. Sada iz $-\frac{a}{\alpha} = -\frac{a}{\alpha}(-\frac{a}{\alpha})^* = (-\frac{a}{\alpha})^*$ možemo zaključiti da je $-\frac{a}{\alpha}$ jedinica u $\mathcal{A}$ što je u suprotnosti sa polaznom pretpostavkom da $\mathcal{A}$ ne sadrži jedinicu. Dakle, ukoliko važi $\|(\alpha, a)\| = 0$ onda mora biti $\alpha = 0$, a ove dve jednakosti povlače i $a = 0$.

Submultiplikativnost sledi iz:

$$
\begin{aligned}
\|(\alpha, a)(\beta, b)\| &= \|(\alpha\beta, \alpha b + \beta a + ab)\| \\
&= \sup_{\|c\|=1} \|\alpha\beta c + (\alpha b + \beta a + ab)c\| \\
&= \sup_{\|c\|=1} \|(\alpha c + ac)(\beta c + bc)\| \\
&\le \sup_{\|c\|=1} \|\alpha c + ac\| \sup_{\|c\|=1} \|\beta c + bc\| \\
&= \|(\alpha, a)\| \|(\beta, b)\|
\end{aligned}
$$

Iz kompletnosti skupova $\mathcal{A}$ i $\mathbb{C}$ sledi kompletnost skupa $\tilde{\mathcal{A}}$, što je lako dokazati. Dakle, $\tilde{\mathcal{A}}$ je Banahova *-algebra.

Kako je za proizvoljno $a \in \mathcal{A}$:

$$
\begin{aligned}
\|(\alpha, a)\|^2 &= \sup_{\|b\|=1} \|\alpha b + ab\|^2 \\
&= \sup_{\|b\|=1} \|(\alpha b + ab)^*(\alpha b + ab)\| \\
&= \sup_{\|b\|=1} \|b^*(\alpha, a)^*(\alpha, a)b\| \\
&\le \|(\alpha, a)^*(\alpha, a)\| \le \|(\alpha, a)^*\| \|(\alpha, a)\|
\end{aligned}
$$

to je $\|(\alpha, a)\| \le \|(\alpha, a)^*\|$. Primenjujući isti postupak na element $(\alpha, a)^*$ uočićemo da važi i obrnuti smer nejednakosti, a samim tim važi i jednakost $\|(\alpha, a)\| = \|(\alpha, a)^*\|$ pa možemo zaključiti da je $\mathcal{A}$ C*-algebra jer:

$$
\|(\alpha, a)\|^2 \le \|(\alpha, a)^*(\alpha, a)\| \le \|(\alpha, a)^*\| \|(\alpha, a)\| = \|(\alpha, a)\|^2.
$$

Skup $\mathcal{A}$ se moze poistovetiti sa podskupom $\{(0,a);\ a \in \mathcal{A}\}$ pa zaključujemo da je $\mathcal{A}$ C*-podalgebra svog proširenja jedinicom, $\tilde{\mathcal{A}}$. Elemente dobijene algebre, umesto sa (α, a), označavaćemo sa $\alpha\mathbb{1} + a$, a samu algebru sa $\tilde{\mathcal{A}} = \mathbb{C}\mathbb{1} + \mathcal{A}$.

Definicija 2.1.6. Podalgebra $\mathcal{I}$ algebre $\mathcal{A}$ je *levi ideal* te algebre ako je $\{ai;\ a \in \mathcal{A}, i \in \mathcal{I}\} = \mathcal{A} \cdot \mathcal{I} \subseteq \mathcal{I}$, a *desni ideal* ako je $\mathcal{I} \cdot \mathcal{A} \subseteq \mathcal{I}$. $\mathcal{I}$ se naziva *ideal* algebre $\mathcal{A}$ ako je on njen levi ideal ili desni ideal, a ukoliko je istovremeno levi i desni ideal onda se naziva *dvostrani ideal.*

Ukoliko je $\mathcal{A}$ komutativna algebra svi ideali su dvostrani. Ukoliko je $\mathcal{A}$ *-algebra i $\mathcal{I}$ njen samoadjungovani ideal onda on mora biti dvostrani ideal. Zaista, ako je $\mathcal{I}$ levi ideal i $i \in \mathcal{I}$ onda je $i^* \in \mathcal{I}$ pa je i $i^*a^* \in \mathcal{I}$, za svako $a \in \mathcal{A}$, odakle sledi $ai = (i^*a^*)^* \in \mathcal{I}$.

Primer 2.1.7. Algebra $\mathcal{K}(H)$ je dvostrani ideal u algebri $\mathcal{B}(H)$ jer je proizvod ograničenog i kompaktnog operatora kompaktan operator.

Primer 2.1.8. Neka je X lokalno kompaktan Hausdorfov prostor, Y njegov zatvoren podskup i $\mathcal{A}$ skup svih elemenata komutativne C*-algebre $C_0(X)$ koji su jednaki nuli na Y. Tada je $\mathcal{A}$ očigledno zatvoren dvostrani ideal u $C_0(X)$.

Primer 2.1.9. Ako je $\mathcal{A}$ C*-algebra bez jedinice onda je ona zatvoren dvostrani ideal svog proširenja jedinicom $\tilde{\mathcal{A}}$.

2.2. Spektralna analiza

Definicija 2.2.1. Neka je $\mathcal{A}$ algebra sa jedinicom $\mathbb{1}$. Element $a \in \mathcal{A}$ je *invertibilan* ako postoji $a^{-1} \in \mathcal{A}$ takav da važi

$$aa^{-1} = a^{-1}a = \mathbb{1}.$$

U tom slučaju element a^{-1} nazivamo *inverz* elementa a. Skup svih invertibilnih elemenata algebre $\mathcal{A}$ označavaćemo sa $\mathcal{A}^{-1}$.

Za proizvoljne elemente $a, b \in \mathcal{A}^{-1}$ lako se može dokazati da važe sledeća tvrđenja:

(1) Inverz a^{-1} elementa a je jedinstven.
(2) Element ab je invertibilan i $(ab)^{-1} = b^{-1}a^{-1}$.
(3) Za $\alpha \in \mathbb{C}\backslash\{0\}$ element αa je invertibilan i $(\alpha a)^{-1} = \frac{1}{\alpha}a^{-1}$.
(4) Ako je $\mathcal{A}$ *-algebra onda je $a^* \in \mathcal{A}^{-1}$ i $(a^*)^{-1} = (a^{-1})^*$.

Definicija 2.2.2. Neka je $\mathcal{A}$ algebra sa jedinicom $\mathbb{1}$. *Spektar* elementa $a \in \mathcal{A}$ je skup:

$$\sigma_{\mathcal{A}}(a) = \{\lambda \in \mathbb{C};\ \lambda\mathbb{1} - a \notin \mathcal{A}^{-1}\}.$$

Komplement ovog skupa naziva se *rezolventni skup* elementa a i označava se sa $\rho_{\mathcal{A}}(a)$.

Ukoliko $\mathcal{A}$ ne sadrži jedinicu, spektar i rezolventni skup elementa se definišu kao spektar i rezolventni skup tog elementa u algebri $\tilde{\mathcal{A}}$ koja je dobijena proširivanjem $\mathcal{A}$ jedinicom.

Primer 2.2.1. Za matricu A algebre $\mathbb{M}_n(\mathbb{C})$ je spektar skup svih sopstvenih vrednosti te matrice, tj. svih $\lambda \in \mathbb{C}$ takvih da je $\det(\lambda I - A) = 0$, gde je I jedinična $n \times n$ matrica.

Teorema 2.2.1. *U Banahovoj algebri $\mathcal{A}$ sa jedinicom je, za svaki element $a \in \mathcal{A}$, skup $\sigma_{\mathcal{A}}(a)$ neprazan, kompaktan podskup skupa $\mathbb{C}$.*

Spektar elementa a je, kao kompakt, ograničen i to diskom u $\mathbb{C}$ sa centrom u 0 i poluprečnikom $\|a\|$, tj. $\sigma_{\mathcal{A}}(a) \subseteq D(0, \|a\|)$.

Teorema 2.2.2. *Neka je $\mathcal{A}$ *-algebra sa jedinicom. Za svako $a \in \mathcal{A}$ i $\alpha \in \mathbb{C}$ je:*

(1) $\sigma_{\mathcal{A}}(\alpha\mathbb{1} - a) = \alpha - \sigma_{\mathcal{A}}(a)$;
(2) $\sigma_{\mathcal{A}}(a^*) = \{\overline{\lambda};\ \lambda \in \sigma_{\mathcal{A}}(a)\}$;
(3) $\sigma_{\mathcal{A}}(a^{-1}) = \{\frac{1}{\lambda};\ \lambda \in \sigma_{\mathcal{A}}(a)\}$.

Definicija 2.2.3. *Spektralni radijus* elementa a algebre $\mathcal{A}$ sa jedinicom je

$$r(a) = \sup\{|\lambda|;\ \lambda \in \sigma_{\mathcal{A}}(a)\}.$$

Teorema 2.2.3. *Za element a Banahove algebre $\mathcal{A}$ sa jedinicom je*

$$r(a) = \lim_{n\to\infty} \|a^n\|^{1/n} = \inf_{n\in\mathbb{N}} \|a^n\|^{1/n} \leq \|a\|.$$

Definicija 2.2.4. Element a *-algebre $\mathcal{A}$ sa jedinicom je:

(1) *normalan* ako je $a^*a = aa^*$;
(2) *samoadjungovan* ako je $a = a^*$;
(3) *unitaran* ako je $a^*a = aa^* = \mathbb{1}$.

Proizvoljan element a C*-algebre $\mathcal{A}$ ima jedinstvenu dekompoziciju na samoadjungovane elemente:

$$a = a_1 + ia_2, \quad \text{gde je } a_1 = \frac{a+a^*}{2},\ a_2 = \frac{a-a^*}{2i}.$$

Elementi a_1 i a_2 nazivaju se, redom, *realni deo* i *imaginarni deo* elementa a. Dakle, za mnoge zaključke je dovoljno analizirati svojstva samoadjungovanih elemenata jer se, zbog ove dekompozicije, ona mogu proširiti na sve elemente algebre.

Teorema 2.2.4. *Neka je $\mathcal{A}$ C*-algebra sa jedinicom.*

(1) Ako je $a \in \mathcal{A}$ normalan ili samoadjungovan onda je $r(a) = \|a\|$.
(2) Ako je $a \in \mathcal{A}$ unitaran onda je $\sigma_{\mathcal{A}}(a) \subseteq \{\lambda \in \mathbb{C};\ |\lambda| = 1\}$.
(3) Ako je $a \in \mathcal{A}$ samoadjungovan onda je $\sigma_{\mathcal{A}}(a) \subseteq [-\|a\|, \|a\|]$.
(4) Za $a \in \mathcal{A}$ i polinom p je $\sigma_{\mathcal{A}}(p(a)) = p(\sigma_{\mathcal{A}}(a))$.

Spektar proizvoljnog elementa $a \in \mathcal{A}$ zavisi samo od algebarske strukture algebre $\mathcal{A}$, a na osnovu prethodne teoreme i činjenice da je a^*a samoadjungovan element važi $\|a\|^2 = \|a^*a\| = r(a^*a)$, pa vidimo da norma na $\mathcal{A}$ mora biti jedinstvena, tj. da važi sledeća teorema.

Teorema 2.2.5. *Ako je $\mathcal{A}$ C*-algebra i ako su $\|\cdot\|$ i $\|\cdot\|_1$ dve norme definisane na $\mathcal{A}$ onda je $(\forall a \in \mathcal{A})\|a\| = \|a\|_1$.*

Ukoliko je $\mathcal{B}$ podalgebra algebre $\mathcal{A}$, spektar elementa $a \in \mathcal{B}$ u odnosu na algebru $\mathcal{B}$ i spektar istog elementa u odnosu na $\mathcal{A}$ ne moraju biti jednaki, važiće samo $\sigma_{\mathcal{A}}(a) \subseteq \sigma_{\mathcal{B}}(a)$. Međutim, u slučaju C*-algebri važi sledeći rezultat:

Teorema 2.2.6. *Neka je $\mathcal{B}$ C*-podalgebra C*-algebre $\mathcal{A}$. Tada za svako $a \in \mathcal{B}$ važi $\sigma_{\mathcal{B}}(a) = \sigma_{\mathcal{A}}(a)$.*

Nadalje nećemo isticati u indeksu na koju se algebru odnosi spektar, ukoliko se radi sa C*-algebrama i ukoliko nema opasnosti od zabune.

2.3. Pozitivni elementi

Pozitivni elementi su značajni jer nam omogućavaju uvođenje relacije poretka na algebri, a samim tim i kvantitativno upoređivanje njenih elemenata.

Definicija 2.3.1. Samoadjungovani element a C*-algebre $\mathcal{A}$ je *pozitivan* ako je $\sigma(a) \subseteq [0, \infty)$. Skup svih pozitivnih elemenata algebre $\mathcal{A}$ označavaćemo sa $\mathcal{A}_+$.

Lema 2.3.1. *Ako je $\mathcal{A}$ C*-algebra sa jedinicom i $a \in \mathcal{A}_+$ onda za svako $\alpha \geq \|a\|$ važi $\|\alpha \mathbb{1} - a\| \leq \alpha$.*

Teorema 2.3.2. *Neka je $\mathcal{A}$ C*-algebra. Element $a \in \mathcal{A}$ je pozitivan ako i samo ako je $a = b^*b$, za neko $b \in \mathcal{A}$.*

Teorema 2.3.3. *Neka je $\mathcal{A}$ C*-algebra. Samoadjungovan element $a \in \mathcal{A}$ je pozitivan ako i samo ako postoji $b \in \mathcal{A}$ za koji je $a = b^2$. Štaviše, ako je a pozitivan postojaće jedinstven pozitivan element b koji zadovoljava taj uslov.*

Definicija 2.3.2. Neka je a pozitivan element C*-algebre $\mathcal{A}$. Element $b \in \mathcal{A}_+$ za koji je $a = b^2$ nazivamo *kvadratni koren* elementa a i označavamo sa $\sqrt{a}$ ili $a^{1/2}$. Ukoliko je a samoadjungovan onda se njegov *modul* definiše kao element $|a|$ algebre $\mathcal{A}$ za koji važi $|a| = \sqrt{a^2}$.

Teorema 2.3.4. *Skup $\mathcal{A}_+$ je konveksan konus, tj. za proizvoljne $a, b \in \mathcal{A}_+$ i $\alpha > 0$ su αa, $a + b \in \mathcal{A}_+$, i važi $\mathcal{A}_+ \cap (-\mathcal{A}_+) = \{0\}$.*

Ovaj rezultat je važan jer nam omogućava da na skupu $\mathcal{A}_S$ svih samoadjungovanih elemenata algebre $\mathcal{A}$ uvedemo parcijalno uređenje $\geq$ na sledeći način:

$$a \geq b \Leftrightarrow a - b \in \mathcal{A}_+, \quad a, b \in \mathcal{A}_S.$$

Ukoliko je $a \geq b$ i $a \neq b$ koristi se zapis $a > b$.

Teorema 2.3.5. *Neka su a i b elementi C*-algebre $\mathcal{A}$. Tada važe sledeće implikacije:*

(1) $a \geq b \geq 0 \Rightarrow \|a\| \geq \|b\|$;
(2) $a \geq 0 \Rightarrow a\|a\| \geq a^2$
(3) $a \geq b \geq 0 \Rightarrow (\forall c \in \mathcal{A})\ c^*ac \geq c^*bc \geq 0$;
(4) ako je $\mathbb{1} \in \mathcal{A}$ *i* $\lambda > 0$ *onda* $a \geq b \geq 0 \Rightarrow (b + \lambda \mathbb{1})^{-1} \geq (a + \lambda \mathbb{1})^{-1}$.

Teorema 2.3.6. *Ako je a samoadjungovan element C*-algebre $\mathcal{A}$ onda su:*

$$a_+ = \frac{1}{2}(|a| + a), \quad a_- = \frac{1}{2}(|a| - a)$$

jedini elementi algebre $\mathcal{A}$ za koje važi: $a_+, a_- \in \mathcal{A}_+$, $a = a_+ - a_-$, $a_+a_- = 0$.

Dakle, svaki samoadjungovani element algebre $\mathcal{A}$ moguće je predstaviti kao razliku dva pozitivna elementa te algebre, što može značajno olakšati dokazivanje nekih osobina samoadjungovanih elemenata. Sledeća teorema je pogodna za dokazivanje osobina proizvoljnog elementa C*-algebre, ukoliko je već dokazano da ta osobina važi za njene unitarne elemente.

Teorema 2.3.7. *Neka je $\mathcal{A}$ C*-algebra sa jedinicom. Za svako $a \in \mathcal{A}$ postoje unitarni elemente $u_1, u_2, u_3, u_4 \in \mathcal{A}$ takvi da je:*

$$a = \lambda_1 u_1 + \lambda_2 u_2 + \lambda_3 u_3 + \lambda_4 u_4,$$

pri čemu $\lambda_i \in \mathbb{C}$ zadovoljavaju uslove $|\lambda_i| \leq \frac{\|a\|}{2}$, $i = \overline{1,4}$.

2.4. Aproksimativne jedinice i količničke algebre

Proširivanje algebre jedinicom je jedan način prevazilaženja poteškoća koje nastaju pri razmatranju algebre koja ne sadrži jedinicu. Međutim, u nekim situacijama ovaj metod nije odgovarajući, npr. ukoliko se posmatra ideal koji ne sadrži jedinicu onda njegovo proširenje jedinicom ne mora biti ideal algebre čak ni kada algebra sadrži jedinicu. Ponekad je korisnije uočiti elemente algebre koji će se na neki način ponašati slično jedinici algebre. Zato je korisno dokazati da svaki ideal sadrži niz elemenata za koje se može reći da aproksimiraju jedinicu, u smislu da se u graničnom slučaju ponašaju kao jedinica algebre.

Skup U je *usmeren* ako na njemu postoji parcijalno uređenje $\leq$ za koje važi da za svaki par $\lambda, \mu \in U$ postoji $\eta \in U$ takvo da je $\lambda \leq \eta$ i $\mu \leq \eta$. Preslikavanje $f : U \to X$, gde je U usmeren skup, a X topološki prostor, naziva se *mreža* u X. Mreža je uopštenje pojma niza, pa se shodno tome često označava sa $(x_\lambda)_{\lambda\in U}$ ili kraće $(x_\lambda)_\lambda$ ukoliko ne postoji opasnost od zabune, pri čemu se podrazumeva da je $f(\lambda) = x_\lambda$.

Definicija 2.4.1. Ako je $\mathcal{I}$ desni ideal C*-algebre $\mathcal{A}$ onda se može definisati *aproksimativna jedinica* ideala $\mathcal{I}$ kao mreža $(e_\lambda)_\lambda$ pozitivnih elemenata ideala $\mathcal{I}$ za koju važi:

(1) $\|e_\lambda\| \leq 1$;
(2) $\lambda \leq \mu \Rightarrow e_\lambda \leq e_\mu$;
(3) $(\forall a \in \mathcal{I})\ \lim\limits_{\lambda} \|e_\lambda a - a\| = 0$.

Ukoliko je $\mathcal{I}$ levi ideal, aproksimativnu jedinicu definišemo na isti način kao u slučaju desnog ideala, s tim što se umesto uslova (3) zahteva da važi $(\forall a \in \mathcal{I})\ \lim\limits_{\lambda} \|a e_\lambda - a\| = 0$.

Teorema 2.4.1. *Svaki desni ideal $\mathcal{I}$ C*-algebre $\mathcal{A}$ sadrži aproksimativnu jedinicu.*

Dokaz. Ukoliko $\mathcal{A}$ nema jedinicu onda se posmatra $\tilde{\mathcal{A}}$. Neka je U familija svih konačnih podskupova ideala $\mathcal{I}$, uređena relacijom skupovne inkluzije. Za fiksirano $\lambda = \{a_1, a_2, ..., a_n\} \in U$ može se definisati element algebre $\mathcal{A}$:

$$f_\lambda = \sum_{i=1}^{n} a_i a_i^*$$

za koji je očigledno da je pozitivan. Zbog toga, $-n \notin \sigma(f_\lambda)$ odakle sledi da postoji $(\frac{-1}{n}\mathbb{1} - f_\lambda)^{-1}$, a onda postoji i $(\mathbb{1} + n f_\lambda)^{-1}$ pa se može definisati:

$$e_\lambda = n f_\lambda (\mathbb{1} + n f_\lambda)^{-1}.$$

Nije teško dokazati da je ovaj element samoadjungovan. Na osnovu:

$$\begin{aligned} \mathbb{1} - e_\lambda &= (\mathbb{1} + nf_\lambda)(\mathbb{1} + nf_\lambda)^{-1} - nf_\lambda(\mathbb{1} + nf_\lambda)^{-1} \\ &= (\mathbb{1} + nf_\lambda - nf_\lambda)(\mathbb{1} + nf_\lambda)^{-1} \\ &= (\mathbb{1} + nf_\lambda)^{-1} \end{aligned}$$

i Teoreme 2.2.2 sledi da je $0 \leq e_\lambda \leq \mathbb{1}$, što povlači $\|e_\lambda\| \leq 1$, na osnovu Teoreme 2.3.5(1). Zbog načina na koji je definisan element e_λ, važi sledeće:

$$\begin{aligned} (e_\lambda a_i - a_i)(e_\lambda a_i - a_i)^* &\leq \sum_{i=1}^{n} (e_\lambda - \mathbb{1}) a_i a_i^* (e_\lambda - \mathbb{1}) \\ &= (e_\lambda - \mathbb{1}) f_\alpha (e_\lambda - \mathbb{1}) \\ &= (\mathbb{1} + nf_\lambda)^{-1} f_\lambda (\mathbb{1} + nf_\lambda)^{-1} \\ &= f_\lambda^{1/2} (\mathbb{1} + nf_\lambda)^{-2} f_\lambda^{1/2}. \end{aligned}$$

Uočavajući da je $(f_\lambda^{1/2})^* = f_\lambda^{1/2}$ i $(\mathbb{1} + nf_\lambda)^{-2} \leq (\mathbb{1} + nf_\lambda)^{-1}$, primenom Teoreme 2.3.5(3) na prethodnu nejednakost zaključuje se da je:

$$\begin{aligned} (e_\lambda a_i - a_i)(e_\lambda a_i - a_i)^* &\leq f_\lambda^{1/2} (\mathbb{1} + nf_\lambda)^{-1} f_\lambda^{1/2} \\ &= \frac{1}{n} (\mathbb{1} + nf_\lambda - \mathbb{1})(\mathbb{1} + nf_\lambda)^{-1} \\ &= \frac{1}{n} (\mathbb{1} + nf_\lambda)(\mathbb{1} + nf_\lambda)^{-1} - \frac{1}{n} (\mathbb{1} + nf_\lambda)^{-1} \\ &= \frac{1}{n} (\mathbb{1} - (\mathbb{1} + nf_\lambda)^{-1}) \\ &= \frac{1}{n} e_\lambda \leq \frac{1}{n} \mathbb{1}. \end{aligned}$$

Ponovnom primenom Teoreme 2.3.5(1), dobija se:

$$\|e_\lambda a_i - a_i\|^2 \leq \frac{1}{n}.$$

Zbog proizvoljnosti skupa λ iz prethodne nejednakosti sledi da za svako $a \in \mathfrak{I}$ važi $\lim\limits_{\lambda} \|e_\lambda a - a\| = 0$.

Za $\lambda = \{a_1, a_2, ..., a_n\}$ i $\mu = \{b_1, b_2, ..., b_m\}$ iz U takve da je $\lambda \leq \mu$, tj. $\{a_1, a_2, ..., a_n\} \subseteq \{b_1, b_2, ..., b_m\}$, važi $nf_\lambda \leq mf_\mu$ odakle, na osnovu Teoreme 2.3.5(4), sledi $(\mathbb{1} + mf_\mu)^{-1} \leq (\mathbb{1} + nf_\lambda)^{-1}$, što povlači $\mathbb{1} - e_\lambda - (\mathbb{1} - e_\mu) \geq 0$, tj. $e_\mu - e_\lambda \geq 0$. Dakle, $\lambda \leq \mu$ povlači $e_\lambda \leq e_\mu$. □

Na sličan način se može dokazati da svaki levi ideal ima aproksimativnu jedinicu.

Sada je lako videti da je svaki zatvoren dvostrani ideal $\mathfrak{I}$ C*-algebre $\mathcal{A}$ samoadjungovan: za proizvoljno $i \in \mathfrak{I}$ je $\lim\limits_{\lambda} \|i^* e_\lambda - i^*\| = \lim\limits_{\lambda} \|e_\lambda i - i\| = 0$, gde je $(e_\lambda)_\lambda$ aproksimativna jedinica ideala $\mathcal{J}$. Kako je $i^*e_\lambda \in \mathcal{J}$ i kako je $\mathcal{J}$ zatvoren, to je i granična vrednost i^* sadržana u $\mathcal{J}$.

Od velike je koristi proučiti količnički prostor $\mathcal{A}/\mathcal{J} = \{a + \mathcal{J};\ a \in \mathcal{A}\}$, gde je $\mathcal{J}$ zatvoren dvostrani ideal C*-algebre $\mathcal{A}$. Elemente ovog prostora ćemo označavati sa $\hat{a} = a + \mathcal{J}$, za $a \in \mathcal{A}$. Ako za proizvoljne $\hat{a}, \hat{b} \in \mathcal{A}/\mathcal{J}$ i $\alpha \in \mathbb{C}$ definišemo sabiranje vektora, množenje vektora skalarom, množenje vektora i involuciju, redom, sa:

$$\hat{a} + \hat{b} = \widehat{a+b},$$
$$\alpha\hat{a} = \widehat{\alpha a},$$
$$\hat{a} \cdot \hat{b} = \widehat{ab},$$
$$\hat{a}^* = \widehat{a^*},$$

videćemo da to što je $\mathcal{J}$ dvostrani ideal, obezbeđuje dobru definisanost množenja jer, za proizvoljne $i_1, i_2 \in \mathcal{J}$, je $ai_2, i_1b, i_1i_2 \in \mathcal{J}$ odakle sledi:

$$(a + i_1) \cdot (b + i_2) = ab + ai_2 + i_1b + i_1i_2 \in ab + \mathcal{J}.$$

Lako je proveriti da je $\mathcal{A}/\mathcal{J}$ *-algebra, da je njena nula $\hat{0} = 0 + \mathcal{J} = \mathcal{J}$ i da, ukoliko $\mathcal{A}$ sadrži jedinicu $\mathbb{1}$, je $\hat{\mathbb{1}} = \mathbb{1} + \mathcal{J}$ jedinica algebre $\mathcal{A}/\mathcal{J}$. Prirodno, $\mathcal{A}/\mathcal{J}$ naziva se *količnička algebra.*

Teorema 2.4.2. *Neka je $\mathcal{A}$ C*-algebre i neka je $\mathcal{J}$ njen zatvoren dvostrani ideal. Tada je sa:*

$$\|\hat{a}\| = \inf_{i\in\mathcal{J}} \|a - i\|, \quad a \in \mathcal{A}$$

*definisana norma u odnosu na koju je $\mathcal{A}/\mathcal{J}$ normirana *-algebra.*

Dokaz. Neka su $a, b \in \mathcal{A}$ i $\alpha \in \mathbb{C}$ proizvoljni. Nenegativnost i apsolutnu homogenost je lako dokazati:

$$\|\hat{a}\| = \inf_{i\in\mathcal{J}} \|a - i\| \geq 0,$$

$$\|\alpha\hat{a}\| = \|\widehat{\alpha a}\| = \inf_{i\in\mathcal{J}} \|\alpha a - i\| = \inf_{i\in\mathcal{J}} |\alpha|\|a - \frac{1}{\alpha}i\| = |\alpha| \inf_{j\in\mathcal{J}} \|a - j\| = |\alpha|\|\hat{a}\|.$$

Za dokaž nejednakosti trougla, primetimo da je za sve $i, j \in \mathcal{J}$:

$$\|\hat{a} + \hat{b}\| = \|\widehat{a+b}\| \leq \|a + b - (i + j)\| \leq \|a - i\| + \|b - j\|,$$

odakle sledi da nejednakost važi i za infimum po i, tj. po j:

$$\|\hat{a} + \hat{b}\| \leq \inf_{i\in\mathcal{J}} \|a - i\| + \inf_{j\in\mathcal{J}} \|b - j\| = \|\hat{a}\| + \|\hat{b}\|.$$

Dalje, $\|\hat{a}\| = 0$ ako i samo ako je $\inf\limits_{i \in \mathcal{I}} \|a - i\| = 0$, tj. ako i samo ako je rastojanje tačke a od skupa $\mathcal{I}$ jednako nuli, a to važi ako i samo ako je a element zatvorenja, $\overline{\mathcal{I}}$, skupa $\mathcal{I}$. Kako je $\mathcal{I}$ po pretpostavci zatvoren skup to se zaključuje da je:

$$\|\hat{a}\| = 0 \Leftrightarrow a \in \mathcal{I} \Leftrightarrow \hat{a} = \hat{0}.$$

Dakle, dokazano je da količnička norma zaista jeste norma na $\mathcal{A}/\mathcal{I}$, tako da preostaje samo još da se dokaže da je $\mathcal{A}/\mathcal{I}$ normirana algebra, tj. da važi submultiplikativnost. Iz definicije količničke norme sledi da je za svako $\epsilon > 0$ moguće izabrati takve $i, j \in \mathcal{I}$ da važi:

$$\|a - i\| \leq \|\hat{a}\| + \epsilon, \quad \|b - j\| \leq \|\hat{b}\| + \epsilon.$$

Kako su $i, j \in \mathcal{I}$ to je $\hat{i} = \hat{j} = \hat{0}$ pa na osnovu prethodnog sledi:

$$\begin{aligned} \|\hat{a}\hat{b}\| &= \|\widehat{(a-i)}\,\widehat{(b-j)}\| = \|\widehat{(a-i)(b-j)}\| \\ &\leq \|(a-i)(b-j)\| \leq \|(a-i)\|\|(b-j)\| \\ &\leq (\|\hat{a}\| + \epsilon)(\|\hat{b}\| + \epsilon) \end{aligned}$$

Prelaskom na graničnu vrednost kada $\epsilon \to 0$ dobija se $\|\hat{a}\hat{b}\| = \|\hat{a}\|\|\hat{b}\|$. □

Lema 2.4.3. *Neka je $\{e_\lambda\}_\lambda$ aproksimativna jedinica zatvorenog dvostranog ideala $\mathcal{I}$ C^*-algebre $\mathcal{A}$. Tada je za svako $\hat{a} \in \mathcal{A}/\mathcal{I}$:*

$$\|\hat{a}\| = \lim_{\lambda} \|a - ae_\lambda\|.$$

Dokaz. Ukoliko $\mathcal{A}$ nema jedinicu posmatra se njeno proširenje jedinicom, $\tilde{\mathcal{A}}$. Neka je $a \in \mathcal{A}$ proizvoljno. Iz definicije norme količničkog prostora $\mathcal{A}/\mathcal{I}$ sledi da je $\|a - ae_\lambda\| \geq \|\hat{a}\|$. Za proizvoljno $i \in \mathcal{I}$ je:

$$\|a - ae_\lambda\| = \|(a+i)(\mathbb{1} - e_\lambda) + i(e_\lambda - \mathbb{1})\| \leq \|a + i\|\|\mathbb{1} - e_\lambda\| + \|ie_\lambda - i\|.$$

Kako su e_λ pozitivni elementi i $\|e_\lambda\| \leq 1$, to je prema Lemi 2.3.1:

$$\|\mathbb{1} - e_\lambda\| \leq 1.$$

$\mathcal{I}$ je dvostrani ideal pa iz $i \in \mathcal{I}$ sledi $\lim\limits_{\lambda} \|ie_\lambda - i\| = 0$ što, zajedno sa prethodne dve nejednakosti, povlači:

$$\lim_{\lambda} \|a - ae_\lambda\| \leq \|a + i\|.$$

Za svako $\epsilon > 0$ moguće je izabrati $i \in \mathcal{I}$ takvo da je $\|\hat{a}\| + \epsilon \geq \|a + i\|$ pa će za to i važiti:

$$\lim_{\lambda} \|a - ae_\lambda\| - \epsilon \leq \|a + i\| - \epsilon \leq \|\hat{a}\| \leq \|a - ae_\lambda\|.$$

Prelaskom na graničnu vrednost kada $\epsilon \to 0$ dobija se traženo. □

Teorema 2.4.4. *Ukoliko je $\mathcal{A}$ C^*-algebra i $\mathcal{I}$ njen zatvoren dvostrani ideal onda je i $\mathcal{A}/\mathcal{I}$ C^*-algebra.*

Dokaz. Da dokažemo da je $\mathcal{A}/\mathcal{I}$ kompletan skup u odnosu na količničku normu posmatrajmo proizvoljan Košijev niz $\{\hat{a}_n\}_n$ iz $\mathcal{A}/\mathcal{I}$. Kako iz ove pretpostavke ne mora da sledi da je $\{a_n\}_n$ Košijev niz, to ćemo izabrati podniz niza $\{\hat{a}_n\}_n$ za koji će pogodno izabrani elementi tih koseta formirati Košijev niz u $\mathcal{A}$. Za svako $k \in \mathbb{N}$ postoji $n_k \in \mathbb{N}$ takav da je:

$$\|\hat{a}_n - \hat{a}_m\| < 2^{-k}, \quad \text{za sve } n, m \geq n_k$$

i pri tom možemo izabrati brojeve n_k tako da važi $n_1 < n_2 < \dots$. Podniz koji ćemo izabrati je $\{\hat{a}_{n_k}\}_k$ i za njega će važiti:

$$\|\hat{a}_{n_k} - \hat{a}_{n_{k+1}}\| < 2^{-k}.$$

Sada možemo izabrati $b_k \in \hat{a}_{n_k}$ takve da je:

$$\|b_k - b_{k+1}\| < 2^{-k}$$

pa će niz $\{b_k\}_k$ biti Košijev niz u $\mathcal{A}$. Kako je $\mathcal{A}$ C*-algebra to ovaj niz konvergira ka nekom elementu $b \in \mathcal{A}$. Zato, imajući u vidu da je $\hat{a}_{n_k} = \hat{b}_k$, za svako $\epsilon > 0$:

$$\|\hat{a}_{n_k} - \hat{b}\| = \|\widehat{b_k - b}\| \leq \|b_k - b\| < \epsilon.$$

Dakle, Košijev niz $\{\hat{a}_n\}_n$ ima podniz $\{\hat{a}_{n_k}\}_k$ koji konvergira ka $\hat{b}$ pa i sam niz $\{\hat{a}_n\}_n$ konvergira ka $\hat{b}$. Na osnovu ovoga i Teoreme 2.4.2 sledi da je $\mathcal{A}/\mathcal{I}$ Banahova *-algebra.

Preostalo je još da dokažemo osobinu $\|\hat{a}\|^2 = \|\hat{a}\hat{a}^*\|$, $a \in \mathcal{A}$. Neka je $(e_\lambda)_\lambda$ aproksimativna jedinica u $\mathcal{A}$. Koristeći Lemu 2.4.3 dobijamo sledeće:

$$\begin{aligned}
\|\hat{a}\|^2 &= \lim_\lambda \|a - e_\lambda a\|^2 = \lim_\lambda \|(a - e_\lambda a)(a - e_\lambda a)^*\| \\
&= \lim_\lambda \|(\mathbb{1} - e_\lambda)aa^*(\mathbb{1} - e_\lambda)\| \\
&\leq \lim_\lambda \|\mathbb{1} - e_\lambda\| \|aa^*(\mathbb{1} - e_\lambda)\| \\
&\leq \lim_\lambda \|aa^*(\mathbb{1} - e_\lambda)\| \\
&= \|\widehat{aa^*}\| = \|\hat{a}\hat{a}^*\| \leq \|\hat{a}\| \|\hat{a}^*\| \\
&\leq \|\hat{a}\|^2.
\end{aligned}$$

□

Glava 3

Stanja C*-algebre

Funkcional algebre $\mathcal{A}$ je preslikavanje iz $\mathcal{A}$ u $\mathbb{C}$. *Dualni prostor* algebre $\mathcal{A}$, tj. skup svih neprekidnih linearnih funkcionala na $\mathcal{A}$, označavaćemo sa $\mathcal{A}^*$ i na njemu ćemo definisati normu $\|f\| = \sup\{|f(a)|;\ a \in \mathcal{A}, \|a\| = 1\}$.

Definicija 3.1. Funkcional ω C*-algebre $\mathcal{A}$ je *pozitivan* ako je:

$$(\forall a \in \mathcal{A})\ \omega(a^*a) \geq 0.$$

Pozitivan linearan funkcional ω C*-algebre $\mathcal{A}$ je *stanje* ako je $\|\omega\| = 1$. Skup svih stanja algebre $\mathcal{A}$ naziva se *prostor stanja* te algebre, a označava se sa $S(\mathcal{A})$.

Dakle, pozitivni funkcionali slikaju pozitivne elemente algebre u pozitivne realne brojeve. Primetimo da za pozitivnost funkcionala nije zahtevana neprekidnost. To je zato što u C*-algebrama pozitivnost linearnog funkcionala povlači njegovu neprekidnost, a samim tim i ograničenost, što će biti i dokazano. Pre toga ćemo dokazati jednu osobinu vezanu za skup $D_+ = \{a \in \mathcal{A}_+;\ \|a\| \leq 1\}$.

Lema 3.1. *Neka je ω linearan funkcional C*-algebre $\mathcal{A}$. Ako postoji $M \geq 0$ za koji važi $|\omega(a)| \leq M$, za svako $a \in D_+$, onda je ω ograničen.*

Dokaz. Posmatrajmo prvo slučaj kada je $a \in \mathcal{A}_S$ i $\|a\| \leq 1$. Na osnovu Teoreme 2.3.6, postoje pozitivni elementi a_+, a_- za koje važi $\|a_+\| \leq 1$, $\|a_-\| \leq 1$ i $a = a_+ - a_-$ odakle sledi:

$$|\omega(a)| = |\omega(a_+) - \omega(a_-)| \leq |\omega(a_+)| + |\omega(a_-)| \leq 2M.$$

Za proizvoljno $a \in \mathcal{A}$ za koje je $\|a\| \leq 1$, postoji dekompozicija na samoadjungovane elemente, tj. postoje $a_1, a_2 \in \mathcal{A}_S$ takvi da je $\|a_1\| \leq 1$,

$\|a_2\| \leq 1$ i $a = a_1 + ia_2$, pa se primenom prethodnog razmatranja na ove elemente dobija:

$$|\omega(a)| = |\omega(a_1) + i\omega(a_2)| \leq |\omega(a_1)| + |\omega(a_2)| \leq 4M. \qquad \square$$

Dakle, za ograničenost linearnog funkcionala dovoljno je dokazati da je taj funkcional ograničen na skupu svih pozitivnih elemenata algebre sadržanih u zatvorenoj jediničnoj kugli, tj. na skupu D_+.

Teorema 3.2. *Svaki pozitivan linearan funkcional C*-algebre je ograničen.*

Dokaz. Neka je $\mathcal{A}$ C*-algebra i ω pozitivan linearan funkcional na njoj. Ukoliko pretpostavimo suprotno, da ω nije ograničen, na osnovu prethodne leme slediće da je $\sup\limits_{a \in D_+} |\omega(a)| = +\infty$. Tada postoji niz $(a_n)_n$ iz D_+ takav da je $(\forall n \in \mathbb{N})\ 2^n \leq \omega(a_n)$. Neka je $a = \sum\limits_{n=1}^{\infty} \frac{a_n}{2^n}$, tada je $a \in \mathcal{A}_+$. Kako je $1 \leq \omega(\frac{a_n}{2^n})$, to je za svako $N \in \mathbb{N}$:

$$N \leq \sum_{n=1}^{N} \omega(\frac{a_n}{2^n}) = \omega(\sum_{n=1}^{N} \frac{a_n}{2^n}) \leq \omega(a).$$

Došli smo do zaključka da je $\omega(a)$ gornja granica skupa prirodnih brojeva, što nije moguće. Dakle, ω mora biti ograničen funkcional. $\square$

Primer 3.1. Prostor stanja C*-algebre $C_0(X)$, gde je X lokalno kompaktan Hausdorfov prostor, se sastoji od mera verovatnoća. Zaista, teorema Ris-Markov-Kakutanija tvrdi da za svaki pozitivan linearan funkcional ω definisan na prostoru $C_0(X)$, gde je X lokalno kompaktan Hausdorfov prostor, postoji σ-algebra $\mathcal{R}$ i jedinstvena regularna pozitivna mera μ na $\mathcal{R}$ za koju je $\omega(f) = \int\limits_X f d\mu$, za svako $f \in C_0(X)$. Dakle, na osnovu ove teoreme, svako stanje ω se može poistovetiti sa regularnom pozitivnom merom, a kako je $\|\omega\| = 1$ to su u pitanju mere verovatnoće.

Lema 3.3. *Ako je ω pozitivan funkcional C*-algebre $\mathcal{A}$ onda je, za proizvoljne $a, b \in \mathcal{A}$:*

(1) $\omega(a^*b) = \overline{\omega(b^*a)}$;

(2) $|\omega(a^*b)|^2 \leq \omega(a^*a)\omega(b^*b)$ - *nejednakost Koši-Švarca.*

Dokaz. (1): Za proizvoljne $a, b \in \mathcal{A}$ i $\alpha \in \mathbb{C}$ pozitivnost funkcionala ω povlači $\omega((\alpha a + b)^*(\alpha a + b)) \geq 0$ odakle sledi:

$$|\alpha|^2\omega(a^*a) + \overline{\alpha}\omega(a^*b) + \alpha\omega(b^*a) + \omega(b^*b) \geq 0.$$

Kako su $\omega(b^*b) \geq 0$ i $|\alpha|^2\omega(a^*a) \geq 0$, iz prethodnog izborom $\alpha = 1$ dobijamo $Im\big(\omega(a^*b)\big) = -Im\big(\omega(b^*a)\big)$, a za $\alpha = i$ dobijamo $Re\big(\omega(a^*b)\big) = Re\big(\omega(b^*a)\big)$. Dakle, $\omega(a^*b) = \overline{\omega(b^*a)}$.

(2): Za dokaz drugog dela tvrđenja primetimo da, zbog pozitivnosti funkcionala ω, važi $\omega((\alpha a - b)^*(\alpha a - b)) \geq 0$, što povlači:

$$|\alpha|^2\omega(a^*a) - \overline{\alpha}\omega(a^*b) - \alpha\omega(b^*a) + \omega(b^*b) \geq 0.$$

Ako za α uzmemo vrednost $\frac{\omega(a^*b)}{\omega(a^*a)}$, koristeći dokazani deo teoreme dobićemo:

$$-\frac{1}{\omega(a^*a)}|\omega(a^*b)|^2 + \omega(b^*b) \geq 0,$$

odakle sledi Koši-Švarcova nejednakost. □

Teorema 3.4. *Neka je ω ograničen linearan funkcional na C^*-algebri $\mathcal{A}$. Sledeća tvrđenja su ekvivalentna:*

(1) ω je pozitivan funkcional.
(2) Za svaku aproksimativnu jedinicu (e_λ) iz $\mathcal{A}$ je $\|\omega\| = \lim_\lambda \omega(e_\lambda)$.
(3) Za neku aproksimativnu jedinicu (e_λ) iz $\mathcal{A}$ je $\|\omega\| = \lim_\lambda \omega(e_\lambda)$.

Dokaz. Bez gubljenja opštosti možemo pretpostaviti da je $\|\omega\| = 1$.

(1) $\Rightarrow$ (2): Neka je ω pozitivan linearan funkcional na $\mathcal{A}$ i neka je $(e_\lambda)_\lambda$ proizvoljna aproksimativna jedinica u $\mathcal{A}$. Tada je $(\omega(e_\lambda))_\lambda$ rastuća mreža u $\mathbb{R}$ pa ona konvergira ka svom supremumu, koji ne može biti veći od norme funkcionala ω odakle sledi $\lim_\lambda \omega(e_\lambda) \leq 1$.

Neka je $a \in \mathcal{A}$ proizvoljan element za koji je $\|a\| \leq 1$. Koristeći Lemu 3.3 možemo zaključiti da je:

$$|\omega(e_\lambda a)|^2 \leq \omega(e_\lambda^* e_\lambda)\omega(a^*a) \leq \omega(e_\lambda^2) \leq \omega(e_\lambda),$$

odakle sledi $|\omega(a)|^2 \leq \lim_\lambda \omega(e_\lambda)$. Zbog proizvoljnosti elementa a sledi da je $\|\omega\|^2 \leq \lim_\lambda \omega(e_\lambda)$, tj. $1 \leq \lim_\lambda \omega(e_\lambda)$.

(2) $\Rightarrow$ (3): Očigledno.

(3) $\Rightarrow$ (1): Neka je $(e_\lambda)_\lambda$ aproksimativna jedinica algebre $\mathcal{A}$, takva da važi $1 = \|\omega\| = \lim_\lambda \omega(e_\lambda)$. Pretpostavimo da je $a \in \mathcal{A}_S$ takav da je $\|a\| \leq 1$ i dokažimo da je $\omega(a) \in \mathbb{R}$. Kako je ω funkcional, to postoje realni brojevi x i y takvi da je $\omega(a) = x + iy$. Pretpostavićemo da je $y \leq 0$ jer, ukoliko to nije slučaj, možemo umesto a posmatrati $-a$. Za svako $n \in \mathbb{N}$ je:

$$\begin{aligned}\|a - ine_\lambda\|^2 &= \|(a + ine_\lambda)(a - ine_\lambda)\| \\ &= \|a^2 + n^2e_\lambda^2 - in(ae_\lambda - e_\lambda a)\| \\ &\leq 1 + n^2 + n\|ae_\lambda - e_\lambda a\|,\end{aligned}$$

odakle sledi $|\omega(a - ine_\lambda)|^2 \leq \|\omega\|^2\|a - ine_\lambda\|^2 \leq 1 + n^2 + n\|ae_\lambda - e_\lambda a\|$. Prelaskom na graničnu vrednost po λ u prethodnoj nejednakosti, na osnovu sledeće dve jednakosti:

$$\lim_\lambda \omega(a - ine_\lambda) = \omega(a) - in \lim_\lambda \omega(e_\lambda) = \omega(a) - in$$

$$\lim_\lambda \|ae_\lambda - e_\lambda a\| = \lim_\lambda \|ae_\lambda - a - (e_\lambda a - a)\| = 0$$

sledi $|x + iy - in|^2 = |\omega(a) - in|^2 \leq 1 + n^2$. Dakle, $x^2 + y^2 - 2ny \leq 1$, za svako $n \in \mathbb{N}$, a kako je po pretpostavci $y \leq 0$, to je ovo moguće samo ukoliko je $y = 0$.

Dokazali smo da, ukoliko je a samoadjungovan element norme ne veće od 1, onda je $\omega(a)$ realan broj. Sada pretpostavimo da je $a \in \mathcal{A}$ pozitivan element za koji je $\|a\| \leq 1$ i dokažimo da je $\omega(a) \geq 0$. Kako su $e_\lambda - a$ samoadjungovani elementi i $\|e_\lambda - a\| \leq 1$ to je $\omega(e_\lambda - a) \leq \|\omega\|\|e_\lambda - a\| \leq 1$ odakle sledi:

$$1 - \omega(a) = \lim_\lambda \omega(e_\lambda) - \omega(a) = \lim_\lambda \omega(e_\lambda - a) \leq 1.$$

Dakle, $\omega(a) \geq 0$, za svako pozitivno $a \in \mathcal{A}$ za koje je $\|a\| \leq 1$.

Za proizvoljno pozitivno $a \in \mathcal{A}$ je $\frac{a}{\|a\|}$ pozitivan element jedinične norme pa je $\frac{1}{\|a\|}\omega(a) \geq 0$ odakle sledi da je i $\omega(a) \geq 0$. □

Posledica 3.5. *Ako je $(e_\lambda)_\lambda$ aproksimativna jedinica C^*-algebre $\mathcal{A}$ i ako je ω pozitivan funkcional onda je $\|\omega\| = \lim_\lambda \omega(e_\lambda^2)$.*

Dokaz. Za aproksimativnu jedinicu $(e_\lambda)_\lambda$ je $0 \leq e_\lambda^2 \leq e_\lambda \leq 1$. Za $\lambda \leq \mu$ je $e_\lambda \leq e_\mu$ odakle sledi $e_\mu^2 - e_\lambda^2 = (e_\mu - e_\lambda)e_\mu + e_\lambda(e_\mu - e_\lambda) \geq 0$ pa je i $e_\lambda^2 \leq e_\mu^2$. Za proizvoljno $a \in \mathcal{A}$ je $\lim_\lambda \|ae_\lambda - a\| = 0$, pa iz $ae_\lambda^2 - a = (ae_\lambda - a)e_\lambda + (ae_\lambda - a)$ sledi $\lim_\lambda \|ae_\lambda^2 - a\| = 0$. Na osnovu Teoreme 3.4 iz ovih zaključaka sledi $\lim_\lambda \omega(e_\lambda^2) = \|\omega\|$. □

Posledica 3.6. *Ukoliko je ω ograničen linearan funkcional definisan na C^*-algebri $\mathcal{A}$ koja sadrži jedinicu, onda je ω pozitivan ako i samo ako je $\omega(\mathbb{1}) = \|\omega\|$.*

Dokaz. Niz čiji su svi elementi jednaki $\mathbb{1}$ je aproksimativna jedinica u $\mathcal{A}$, pa tvrđenje sledi direktnom primenom Teoreme 3.4 na taj niz. □

Teorema 3.7. *Ako je ω pozitivan lineran funcional C^*-algebre $\mathcal{A}$ onda je za svako $a, b \in \mathcal{A}$:*

1. $\omega(a^*) = \overline{\omega(a)}$;
2. $|\omega(a)|^2 \leq \omega(a^*a)\|\omega\|$;
3. $|\omega(a^*ba)| \leq \omega(a^*a)\|b\|$;
4. $\|\omega\| = \sup\{\omega(a^*a);\ a \in \mathcal{A}, \|a\| = 1\}$.

Dokaz. (1): Primenom Leme 3.3(1) na proizvoljno $a \in \mathcal{A}$ i aproksimativnu jedinicu $(e_\lambda)_\lambda$ dobijamo:

$$\omega(a^*e_\lambda) = \overline{\omega(e_\lambda^* a)} = \overline{\omega(e_\lambda a)}.$$

Prelaskom na graničnu vrednost po λ dobijamo traženo.

(2): Na osnovu Leme 3.3(2) je:

$$|\omega(e_\lambda^* a)|^2 \leq \omega(e_\lambda^2)\omega(a^*a) \leq \omega(e_\lambda)\omega(a^*a)$$

za proizvoljno $a \in \mathcal{A}$ i aproksimativnu jedinicu $(e_\lambda)_\lambda$. Prelaskom na graničnu vrednost po λ dobijamo $|\omega(a)|^2 \leq \omega(a^*a)\|\omega\|$.

(3): Iz $a^*b^*ba \leq \|b\|^2 a^*a$ i pretpostavke da je ω pozitivan linearan funkcional sledi $\omega(a^*b^*ba) \leq \|b\|^2\omega(a^*a)$.

(4): Na osnovu (2) je $\|\omega\| \sup\limits_{\|a\|=1} \omega(a^*a) \geq \sup\limits_{\|a\|=1} |\omega(a)|^2 = \|\omega\|^2$, odakle sledi $\sup\limits_{\|a\|=1} \omega(a^*a) \geq \|\omega\|$. Sa druge strane, po definiciji norme funkcionala je $\|\omega\| = \sup\limits_{\|a\|=1} |\omega(a)| \geq \sup\limits_{\|a\|=1} \omega(a^*a)$. □

Teorema 3.8. *Ako su ω_1 i ω_2 pozitivni linearni funkcionali C^*-algebre $\mathcal{A}$ onda je to i $\omega_1 + \omega_2$ i pri tom će važiti:*

$$\|\omega_1 + \omega_2\| = \|\omega_1\| + \|\omega_2\|.$$

Stanja algebre $\mathcal{A}$ formiraju konveksan podskup dualnog prostora $\mathcal{A}^*$.

Dokaz. Pozitivnost $\omega_1 + \omega_2$ sledi iz:

$$(\forall a \in \mathcal{A})\ (\omega_1 + \omega_2)(a^*a) = \omega_1(a^*a) + \omega_2(a^*a) \geq 0,$$

a prema Teoremi 3.4 je, za proizvoljnu aproksimativnu jedinicu $(e_\lambda)_\lambda$:

$$\|\omega_1 + \omega_2\| = \lim_\lambda(\omega_1 + \omega_2)(e_\lambda) = \lim_\lambda \omega_1(e_\lambda) + \lim_\lambda \omega_2(e_\lambda) = \|\omega_1\| + \|\omega_2\|.$$

Za konveksnost skupa $S(\mathcal{A})$, dokažimo da za proizvoljna stanja ω_1 i ω_2 važi da je i $\omega = \alpha\omega_1 + (1-\alpha)\omega_2$ stanje, za svako $\alpha \in [0, 1]$. Očigledno je da je ω pozitivan lineran funkcional, a na osnovu dokazanog dela tvrđenja je:

$$\|\omega| = \alpha\|\omega_1\| + (1-\alpha)\|\omega_2\| = \alpha + 1 - \alpha = 1.$$ □

Ako je $\mathcal{A}$ C*-algebra bez jedinice i ako je $\widetilde{\mathcal{A}} = \mathbb{C}\mathbb{1} + \mathcal{A}$ njeno proširenje jedinicom onda svaki funkcional $\omega \in \mathcal{A}^*$ ima ekstenziju $\widetilde{\omega} \in \widetilde{\mathcal{A}}^*$ definisanu sa:

$$\widetilde{\omega}(\alpha\mathbb{1} + a) = \alpha\|\omega\| + \omega(a), \qquad \alpha \in \mathbb{C}, a \in \mathcal{A}.$$

Ova ekstenzija se naziva *kanonička ekstenzija* funkcionala ω.

Teorema 3.9. *Ako je $\mathcal{A}$ C*-algebra bez jedinice i ako je ω pozitivan funkcional na $\mathcal{A}$ onda je njegova kanonička ekstenzija $\widetilde{\omega}$ takođe pozitivan funkcional i $\|\widetilde{\omega}\| = \|\omega\|$. Ukoliko su ω_1 i ω_2 dva pozitivna funkcionala i $\widetilde{\omega_1}$ i $\widetilde{\omega_2}$ njihove kanoničke ekstenzije, onda je $\widetilde{\omega_1 + \omega_2} = \widetilde{\omega_1} + \widetilde{\omega_2}$.*

Dokaz. Neka su $a \in \mathcal{A}$ i $\alpha \in \mathbb{C}$ proizvoljni. Na osnovu Teoreme 3.7(2) je:

$$\begin{aligned}
\widetilde{\omega}((\alpha\mathbb{1} + a)^*(\alpha\mathbb{1} + a)) &= \widetilde{\omega}(|\alpha|^2\mathbb{1} + \overline{\alpha}a + \alpha a^* + a^*a) \\
&= |\alpha|^2\|\omega\| + \overline{\alpha}\omega(a) + \alpha\omega(a^*) + \omega(a^*a) \\
&= |\alpha|^2\|\omega\| + \overline{\alpha\overline{\omega(a)}} + \alpha\overline{\omega(a)} + \omega(a^*a) \\
&\geq |\alpha|^2\|\omega\| - 2|\alpha||\omega(a)| + \omega(a^*a) \\
&\geq |\alpha|^2\|\omega\| - 2|\alpha|\|\omega\|^{1/2}\omega(a^*a)^{1/2} + \omega(a^*a) \\
&= (|\alpha|\|\omega\|^{1/2} - \omega(a^*a)^{1/2})^2 \geq 0
\end{aligned}$$

odakle sledi pozitivnost funkcionala $\widetilde{\omega}$. Kako $\widetilde{\mathcal{A}}$ sadrži jedinicu to je, prema Posledici 3.6, $\|\widetilde{\omega}\| = \widetilde{\omega}(\mathbb{1}) = \|\omega\|$.

Konačno, na osnovu Teoreme 3.8 je:

$$\begin{aligned}
\widetilde{\omega_1 + \omega_2}(\alpha\mathbb{1} + a) &= \alpha\|\omega_1 + \omega_2\| + (\omega_1 + \omega_2)(a) \\
&= \alpha(\|\omega_1\| + \|\omega_2\|) + \omega_1(a) + \omega_2(a) \\
&= \widetilde{\omega_1}(\alpha\mathbb{1} + a) + \widetilde{\omega_2}(\alpha\mathbb{1} + a).
\end{aligned}$$

□

Dakle, ukoliko je $\mathcal{A}$ algebra bez jedinice onda pozitivnan linearan funkcional ω možemo sa $\mathcal{A}$ proširiti na $\widetilde{\mathcal{A}}$, pri tom će i to proširenje $\widetilde{\omega}$ biti pozitivan linearan funkcional i važiće $\widetilde{\omega}(\mathbb{1}) = \|\widetilde{\omega}\| = \|\omega\|$. Uočimo da je pozitivan linearan funkcional ω stanje ako i samo ako je $\omega(\mathbb{1}) = 1$ ako algebra sadrži jedinicu, tj. $\widetilde{\omega}(\mathbb{1}) = 1$ ako je ne sadrži.

Kao kod pozitivnih elemenata C*-algebre, na skupu svih pozitivnih linearnih funkcionala definisanih na $\mathcal{A}$ uvodimo uređenje: $\omega_1 \leq \omega_2$ ako i samo ako je $\omega_2 - \omega_1$ pozitivan linearan funkcional, pri tom možemo pisati i $\omega_2 - \omega_1 \geq 0$. Ako je $\omega_1 \leq \omega_2$ i $\omega_1 \neq \omega_2$ onda pišemo $\omega_1 < \omega_2$.

Ukoliko su ω_1 i ω_2 stanja na $\mathcal{A}$ onda je i $\omega = \alpha\omega_1 + (1-\alpha)\omega_2$ stanje na $\mathcal{A}$ za bilo koje $\alpha \in [0, 1]$ i važi $\alpha\omega_1 \leq \omega$ i $(1-\alpha)\omega_2 \leq \omega$. Na osnovu Teoreme 3.8, lako je uočiti da će za $\omega_1, \omega_2, ..., \omega_n \in S(\mathcal{A})$ i $\alpha_1, \alpha_2, ..., \alpha_n \in [0, 1]$ funkcional

$\omega = \sum_{k=1}^{n} \alpha_k \omega_k$ biti stanje ako je $\sum_{k=1}^{n} \alpha_k = 1$. Stanja koja se ne mogu predstaviti na ovaj način imaju važnu ulogu kako u matematici, tako i u fizici, pa postoji potreba da se uvede sledeća definicija.

Definicija 3.2. Stanje ω C*-algebre $\mathcal{A}$ je *čisto stanje* ako za svaki pozitivan linearan funkcional ρ na $\mathcal{A}$ iz $\rho \leq \omega$ sledi $\rho = \alpha\omega$, za neko $\alpha \in [0, 1]$. Skup svih čistih stanja na $\mathcal{A}$ označava se sa $P(\mathcal{A})$.

Definicija 3.3. Neka je X vektorski prostor i K njegov konveksan podskup. Element $x \in K$ je *ekstremna tačka* skupa K ako za njega važi da $x = \alpha y + (1 - \alpha)z$, za $\alpha \in (0, 1)$, $y, z \in K$, povlači $x = y = z$.

Na dualnom prostoru $\mathcal{A}^*$ možemo posmatrati uobičajenu topologiju indukovanu normom, koja je okarakterisana konvergencijom:

$$\lim_{\lambda} \omega_\lambda = \omega \Leftrightarrow \lim_{\lambda} \|\omega_\lambda - \omega\| = 0.$$

Međutim, ponekad je korisnije posmatrati *slabu*-topologiju* koju karakteriše slaba*-konvergencija:

$$\lim_{\lambda} \omega_\lambda = \omega \Leftrightarrow (\forall a \in \mathcal{A}) \lim_{\lambda} \|\omega_\lambda(a) - \omega(a)\| = 0,$$

jer je u tom slučaju moguće dokazati interesantne rezultate, kao što ćemo videti nakon što se podsetimo jedne teoreme potrebne za dalji rad.

Teorema 3.10 (Krein-Milman). *Ako je X lokalno konveksan normiran prostor i K njegov kompaktan, konveksan podskup onda postoji bar jedna ekstremna tačka skupa K i K je zatvoren konveksan omotač svojih ekstremnih tačaka.*

Konveksan omotač skupa E je najmanji konveksan skup koji sadrži E i u normiranim prostorima zatvorenje konveksnog omotača je ekvivalentan pojmu zatvorenog konveksnog omotača koji se definiše kao presek svih zatvorenih konveksnih skupova koji sadrže E. Pojam „skup ekstremnih tačaka" obično navodi na misao o skupu koji nema mnogo elemenata, ako ih uopšte ima, međutim vidimo da kompaktan, konveksan skup K iz prethodne teoreme, ne samo da ima ekstremne tačke, već one čine skup koji je relativno veliki u odnosu na K i koji zapravo generiše skup K.

Teorema 3.11. *Neka je $\mathcal{A}$ C*-algebra i neka je F_1 skup svih linearnih pozitivnih funkcionala na $\mathcal{A}$ čija norma nije veća od 1. Tada je F_1 konveksan, slabo*-kompaktan podskup od $\mathcal{A}^*$ čije su jedine ekstremne tačke 0 i čista stanja. F_1 je slabo*-zatvoren konveksan omotač skupa svojih ekstremnih tačaka. Ukoliko $\mathcal{A}$ sadrži jedinicu, onda je skup $S(\mathcal{A})$ svih stanja na $\mathcal{A}$ slabo*-kompaktan skup čije su ekstremne tačke čista stanja i $S(\mathcal{A})$ je slabo*-zatvoren konveksan omotač skupa $P(\mathcal{A})$.*

Dokaz. Skup F_1 je očigledno konveksan, slabo*-zatvoren podskup skupa $\mathcal{A}_1^* = \{\omega \in \mathcal{A}^*;\ \|\omega\| \leq 1\}$, a kako je skup $\mathcal{A}_1^*$ prema teoremi Banah-Alaoglu slabo*-kompaktan, to je i F_1 slabo*-kompaktan.

Ukoliko pretpostavimo da je $0 = \alpha\rho_1 + (1-\alpha)\rho_2$ za neke $\alpha \in (0,1)$, $\rho_1, \rho_2 \in F_1$ onda je, za svako $a \in \mathcal{A}$, $0 = \alpha\rho_1(a^*a) + (1-\alpha)\rho_2(a^*a)$ odakle sledi $0 \leq (1-\alpha)\rho_2(a^*a) = -\alpha\rho_1(a^*a) \leq 0$. Dakle, za svako $a \in \mathcal{A}$ je $\rho_1(a^*a) = \rho_2(a^*a) = 0$ odakle, primenom nejednakosti Koši-Švarca, dobijamo $\rho_1 = \rho_2 = 0$ odakle sledi da je 0 ekstremna tačka skupa F_1.

Ako pretpostavimo da je $\omega \in P(\mathcal{A})$ i da je $\omega = \beta\omega_1 + (1-\beta)\omega_2$ za neke $\beta \in (0,1)$, $\omega_1, \omega_2 \in F_1$, onda iz $\beta\omega_1 \leq \omega$, $(1-\beta)\omega_2 \leq \omega$ sledi da postoje $\lambda, \mu \in [0,1]$ takvi da je $\beta\omega_1 = \lambda\omega$ i $(1-\beta)\omega_2 = \mu\omega$. Kako je ω stanje to je $1 = \|\omega\| = \beta\|\omega_1\| + (1-\beta)\|\omega_2\|$ odakle sledi $\lambda + \mu = 1$, što povlači $\frac{\lambda}{\beta} = \|\omega_1\| \leq 1$ i $\frac{1-\lambda}{1-\beta} = \|\omega_2\| \leq 1$ pa zaključujemo da je $\lambda = \beta$, tj. $\omega_1 = \omega_2 = \omega$. Dakle, svako čisto stanje ω je ekstremna tačka skupa F_1.

Da dokažemo da F_1 nema ekstremnih tačaka koji nisu čista stanja ili 0 pretpostavićemo da je $\rho \in F_1 \backslash \{0\}$ ekstremna tačka tog skupa i dokazati da onda mora čisto stanje. Pre svega mora biti $\|\rho\| = 1$ jer bi u suprotnom važilo $\rho = \|\rho\|\frac{\rho}{\|\rho\|} + (1-\|\rho\|)0$, pri cemu su $0, \frac{\rho}{\|\rho\|} \in F_1$ pa ρ ne bi bio ekstremna tačka. Ako je ψ pozitivan linearan funkcional za koji je $\psi \leq \rho$, pri čemu možemo bez gubljenja opštosti pretpostaviti da je $\|\psi\| \leq 1$, onda je $\rho = \|\psi\|\frac{\psi}{\|\psi\|} + (1-\|\psi\|)\frac{\rho-\psi}{\|\rho-\psi\|}$ jer je $\|\rho - \psi\| = 1 - \|\psi\|$ prema Teoremi 3.8, pri čemu su $\frac{\psi}{\|\psi\|}, \frac{\rho-\psi}{\|\rho-\psi\|} \in F_1$. Međutim, onda je $\rho = \frac{\psi}{\|\psi\|}$ što dokazuje da je ρ čisto stanje.

Na osnovu Krein-Milmanove teoreme možemo zaključiti da je F_1 slabo*-zatvoren konveksan omotač svojih ekstremnih tačaka, tj. skupa $P(\mathcal{A}) \cup \{0\}$.

Pretpostavimo da $\mathcal{A}$ sadrži jedinicu $\mathbb{1}$. Na osnovu Teoreme 3.8 znamo da je $S(\mathcal{A})$ konveksan skup. Neka je $(\omega_n)_n$ niz u $S(\mathcal{A})$ koji slabo*-konvergira ka ω. Očigledno je ω pozitivan linearan funkcional na $\mathcal{A}$, a na osnovu Posledice 3.6 je $\|\omega\| = \omega(\mathbb{1}) = \lim_{n\to\infty} \omega_n(\mathbb{1}) = 1$ pa je ω stanje. Dakle, $S(\mathcal{A})$ je slabo*-zatvoren podskup slabo*-kompaktnog skupa $\mathcal{A}_1^* = \{\omega \in \mathcal{A}^*;\ \|\omega\| \leq 1\}$ pa je i sam slabo*-kompaktan. Na osnovu Krein-Milmanove teoreme zaključujemo da je $S(\mathcal{A})$ slabo*-zatvoren konveksan omotač skupa svojih ekstremnih tačaka. Kako je $P(\mathcal{A}) \subseteq S(\mathcal{A}) \subseteq F_1$ i $0 \notin S(\mathcal{A})$, to sledi da je $P(\mathcal{A})$ skup ekstremnih tačaka skupa $S(\mathcal{A})$. □

Glava 4

Reprezentacije C*-algebre

U prvoj glavi je dokazano da je prostor $\mathcal{B}(H)$ svih linearnih ograničenih operatora Hilbertovog prostora H C*-algebra, a u ovoj glavi će biti dokazano tvrđenje koje se može smatrati obratom, a to je da je svaka C*-algebra *-izomorfna sa nekom C*-podalgebrom od $\mathcal{B}(H)$. Za dokaz ovog rezultata neophodno je proučiti reprezentacije C*-algebre i njihovu povezanost sa stanjima C*-algebre.

4.1. Pojam reprezentacije C*-algebre

Definicija 4.1.1. Neka su $\mathcal{A}$ i $\mathcal{B}$ dve C*-algebre. Linearno preslikavanje $\pi\colon \mathcal{A} \to \mathcal{B}$ je **-homomorfizam* ako:

(1) $(\forall a, b \in \mathcal{A})\ \pi(ab) = \pi(a)\pi(b)$;
(2) $(\forall a \in \mathcal{A})\ \pi(a^*) = \pi(a)^*$.

Bijektivni *-homomorfizam naziva se **-izomorfizam*. Za dve C*-algebre kažemo da su **-izomorfne* ukoliko postoji *-izomorfizam između njih.

Svaki *-homomorfizam π između dve C*-algebre $\mathcal{A}$ i $\mathcal{B}$ je pozitivan jer je za svako $a \in \mathcal{A}$:

$$\pi(a^*a) = \pi(a^*)\pi(a) = \pi(a)^*\pi(a) \geq 0.$$

Teorema 4.1.1. *Neka je $\mathcal{A}$ Banahova *-algebra sa jedinicom, $\mathcal{B}$ C*-algebra i π *-homomorfizam iz $\mathcal{A}$ u $\mathcal{B}$. Tada je π neprekidno preslikavanje i važi:*

$$(\forall a \in \mathcal{A})\ \|\pi(a)\| \leq \|a\|.$$

Dokaz. Prvo ćemo posmatrati slučaj kada je $a \in \mathcal{A}_S$. Tada je i $\pi(a) \in \mathcal{A}_S$:

$$\pi(a)^* = \pi(a^*) = \pi(a),$$

odakle na osnovu Teoreme 2.2.4(1) sledi:

$$\|\pi(a)\| = r_{\mathcal{B}}(\pi(a)) = \sup\{|\lambda|;\ \lambda \in \sigma_{\mathcal{B}}(\pi(a))\}.$$

Označimo $\pi(\mathbb{1}_{\mathcal{A}}) = p$. Tada je $p^2 = \pi(\mathbb{1}_{\mathcal{A}} \cdot \mathbb{1}_{\mathcal{A}}) = \pi(\mathbb{1}_{\mathcal{A}}) = p$, tj. p je projektor algebre $\mathcal{B}$. Označimo $\mathcal{B}_p = p\mathcal{B}p$ i primetimo da je projektor p jedinica algebre $\mathcal{B}_p$. Takođe, važi $\pi(\mathcal{A}) \subseteq \mathcal{B}_p$ jer:

$$\pi(a) = \pi(\mathbb{1}_{\mathcal{A}} a \mathbb{1}_{\mathcal{A}}) = \pi(\mathbb{1}_{\mathcal{A}})\pi(a)\pi(\mathbb{1}_{\mathcal{A}}) = p\pi(a)p, \text{ za svako } a \in \mathcal{A}.$$

Na osnovu ovog rezultata možemo pokazati da je $\sigma_{\mathcal{B}_p}(\pi(a)) \subseteq \sigma_{\mathcal{A}}(a)$, za proizvoljno $a \in \mathcal{A}$. Zaista, kako je

$$\lambda \in \sigma_{\mathcal{B}_p}(\pi(a)) \Rightarrow \lambda \mathbb{1}_{\mathcal{B}_p} - \pi(a) \notin \mathcal{B}_p^{-1} \Rightarrow \pi(\lambda \mathbb{1}_{\mathcal{A}} - a) \notin \mathcal{B}_p^{-1}$$

to će pretpostavka da $\lambda \notin \sigma_{\mathcal{A}}(a)$ povlačiti egzistenciju inverza $(\lambda - a)^{-1} \in \mathcal{A}$, što dalje povlači:

$$\pi\big((\lambda - a)^{-1}\big)\pi(\lambda - a) = \pi\big((\lambda - a)^{-1}(\lambda - a)\big) = p = \mathbb{1}_{\mathcal{B}_p},$$

$$\pi(\lambda - a)\pi\big((\lambda - a)^{-1}\big) = \pi\big((\lambda - a)(\lambda - a)^{-1}\big) = p = \mathbb{1}_{\mathcal{B}_p},$$

odakle sledi da postoji $\pi(\lambda - a)^{-1} = \pi\big((\lambda - a)^{-1}\big)$, što je suprotno pretpostavci da je $\lambda \in \sigma_{\mathcal{B}_p}(\pi(a))$.

Iz $\sigma_{\mathcal{B}_p}(\pi(a)) \subseteq \sigma_{\mathcal{A}}(a)$, prema Teoremi 2.2.3, sledi da je:

$$\|\pi(a)\| \leq \sup\{|\lambda|;\ \lambda \in \sigma_{\mathcal{A}}(a)\} \leq \|a\|.$$

Ukoliko a nije samoadjungovan, prethodnu nejednakost možemo primeniti na a^*a jer ovaj element jeste samoadjungovan, pa imamo:

$$\|\pi(a)\|^2 = \|\pi(a)^*\pi(a)\| = \|\pi(a^*a)\| \leq \|a^*a\| \leq \|a\|^2.$$

Dakle, za svako $a \in \mathcal{A}$ je $\|\pi(a)\| \leq \|a\|$, a očigledno je da ovaj rezultat i pretpostavka da je π linearno preslikavanje povlače njegovu neprekidnost. □

Teorema 4.1.2. *Ako su $\mathcal{A}$ i $\mathcal{B}$ C*-algebre i π *-homomorfizam iz $\mathcal{A}$ u $\mathcal{B}$ onda je $\pi(\mathcal{A})$ C*-podalgebra od $\mathcal{B}$.*

Dokaz. Lako je proveriti da je $\pi(\mathcal{A})$ normirana *-podalgebra algebre $\mathcal{B}$, a da bismo dokazali da je i C*-algebra moramo dokazati da je zatvorena. Zbog osobina preslikavanja π, njegovo jezgro $\ker \pi = \{a \in \mathcal{A};\ \pi(a) = 0\}$ je zatvoren dvostrani ideal pa je količnička algebra $\mathcal{A}/\ker \pi$ C*-algebra, prema Teoremi 2.4.4. Definišimo preslikavanje $\hat{\pi} : \mathcal{A}/\ker \pi \to \pi(\mathcal{A})$ sa

$$\hat{\pi}(a + \ker \pi) = \pi(a).$$

Očigledno je da je ovo preslikavanje *-homomorfizam i da njegovo jezgro sadrži samo klasu $0 + \ker\pi$, tj. samo nulu algebre $\mathcal{A}/\ker\pi$. Zbog ovoga je $\hat{\pi}$ *-izomorfizam iz $\mathcal{A}/\ker\pi$ u $\hat{\pi}(\mathcal{A}/\ker\pi)$ pa postoji njemu inverzno preslikavanje $\hat{\pi}^{-1} : \hat{\pi}(\mathcal{A}/\ker\pi) \to \mathcal{A}/\ker\pi$ koje je, takođe, *-izomorfizam. Primenimo prethodnu teoremu na $\hat{\pi}^{-1}$ i $\hat{\pi}$ i dobićemo:

$$\|a + \ker\pi\| = \|\hat{\pi}^{-1}(\hat{\pi}(a + \ker\pi))\| \leq \|\hat{\pi}(a + \ker\pi)\| \leq \|a + \ker\pi\|$$

odakle sledi $\|a + \ker\pi\| = \|\hat{\pi}(a + \ker\pi)\| = \|\pi(a)\|$.

Ukoliko je $(\pi(a_n))_n$ niz elemenata iz $\pi(\mathcal{A})$ koji konvergira ka nekom elementu $b \in \mathcal{B}$ onda je taj niz Košijev pa je i niz $(a_n + \ker\pi)_n$ Košijev jer:

$$\begin{aligned}\|a_n + \ker\pi - (a_m + \ker\pi)\| &= \|(a_n - a_m) + \ker\pi\| \\ &= \|\pi(a_n - a_m)\| \\ &= \|\pi(a_n) - \pi(a_m)\|.\end{aligned}$$

Kako je $\mathcal{A}/\ker\pi$ C*-algebra to je niz $(a_n + \ker\pi)_n$ konvergentan i ako označimo sa $a + \ker\pi \in \mathcal{A}/\ker\pi$ njegovu graničnu vrednost vidimo da niz $(\pi(a_n))_n$ konverigra ka $\pi(a) \in \pi(\mathcal{A})$ je:

$$\|\pi(a_n) - \pi(a)\| = \|\pi(a_n - a)\| = \|a_n + \ker\pi - a + \ker\pi\|$$

odakle, na osnovu jedinstvenosti granične vrednosti konvergentnog niza, sledi da je $b = \pi(a)$. Dakle, $b \in \pi(\mathcal{A})$, tj. $\pi(\mathcal{A})$ je zatvoren skup. □

Definicija 4.1.2. *Reprezentacija* C*-algebre $\mathcal{A}$ je uređen par (H, π), gde je H Hilbertov prostor, a π je *-homomorfizam iz $\mathcal{A}$ u $\mathcal{B}(H)$. Reprezentacija (H, π) je *verna* ako je π *-izomorfizam između $\mathcal{A}$ i $\pi(\mathcal{A})$.

Svaka reprezentacija (H, π) C*-algebre $\mathcal{A}$ definiše vernu reprezentaciju $(H, \hat{\pi})$ količničke algebre $\mathcal{A}_\pi = \mathcal{A}/\ker\pi$, što se može videti iz prethodnog dokaza.

Teorema 4.1.3. *Neka je (H, π) reprezentacija C^*-algebre $\mathcal{A}$. Sledeći uslovi su ekvivalentni:*

(1) Reprezentacija (H, π) je verna.
(2) $\ker\pi = \{0\}$
(3) $(\forall a \in \mathcal{A})\ \|\pi(a)\| = \|a\|$
(4) $(\forall a \in \mathcal{A})\ (a > 0 \Rightarrow \pi(a) > 0)$.

Dokaz. Pokazaćemo da je (1) $\Leftrightarrow$ (2) i da (2) $\Rightarrow$ (3) $\Rightarrow$ (4) $\Rightarrow$ (2).

(1) $\Rightarrow$ (2) : Iz pretpostavke da je reprezentacija (H, π) verna sledi da je *-homomorfizam π injektivan pa, kako zbog linearnosti preslikavanja π mora biti $\pi(0) = 0$, sledi $\ker\pi = \{0\}$.

(2) $\Rightarrow$ (1) : Pretpostavimo da je $\ker \pi = \{0\}$ i da π nije injektivno preslikavanje, tj. da postoje $a, b \in \mathcal{A}$ takvi da je $a \neq b$ i $\pi(a) = \pi(b)$. Tada je $\pi(a-b) = \pi(a) - \pi(b) = 0$ odakle sledi da je $a - b \in \ker \pi$, tj. $a = b$ što je suprotno pretpostavci. Dakle, π mora biti injektivno preslikavanje.

(2) $\Rightarrow$ (3) : Pretpostavka da je $\ker \pi = \{0\}$ nam omogućava da definišemo *-izomorfizam π^{-1} iz $\pi(\mathcal{A})$ u $\mathcal{A}$ sa $\pi^{-1}(\pi(a)) = a$, za proizvoljno $\pi(a) \in \pi(\mathcal{A})$. Primenjivanjem Teoreme 4.1.1 na π^{-1}, a zatim i na π dobijamo da za proizvoljno $a \in \mathcal{A}$ važi:

$$\|a\| = \|\pi^{-1}(\pi(a))\| \leq \|\pi(a)\| \leq \|a\|.$$

(3) $\Rightarrow$ (4) : Ukoliko za $a \in \mathcal{A}$ važi $a > 0$ onda sledi da je $\|\pi(a)\| = \|a\| > 0$ odakle sledi $\pi(a) \neq 0$. Kako je a pozitivan element to je $a = b^*b$, za neko $b \in \mathcal{A}$ pa je $\pi(a) = \pi(b^*b) = \pi(b)^*\pi(b) \geq 0$. Iz $\pi(a) \geq 0$ i $\pi(a) \neq 0$ sledi $\pi(a) > 0$.

(4) $\Rightarrow$ (2) : Pretpostavimo suprotno, da postoji $a \in \ker \pi$ takvo da je $a \neq 0$. Tada je $\pi(a^*a) = \pi(a)^*\pi(a) = 0$. Sa druge strane iz $\|a^*a\| = \|a\|^2 > 0$ sledi da je $a^*a > 0$ odakle, prema pretpostavci, sledi $\pi(a^*a) > 0$. □

Definicija 4.1.3. Ako je $\mathcal{A}$ C*-algebra i π *-izomorfizam iz $\mathcal{A}$ u $\mathcal{A}$ onda je π **-automorfizam* algebre $\mathcal{A}$.

Dakle, *-automorfizam je *-homomorfizam čiji je rang jednak njegovom domenu i čije jezgro sadži samo nulu algebre. Posledica prethodne teoreme je da *-automorfizam C*-algebre čuva normu, tj. da za *-automorfizam π C*-algebre $\mathcal{A}$ važi $(\forall a \in \mathcal{A})\ \|\pi(a)\| = \|a\|$.

Definicija 4.1.4. Ako je (H, π) reprezentacija C*-algebre $\mathcal{A}$ i ako je H_1 podprostor prostora H onda za H_1 kažemo da je *invarijantan*, ili *stabilan*, u odnosu na π ako za svako $a \in \mathcal{A}$ važi $\pi(a)H_1 \subseteq H_1$.

Teorema 4.1.4. *Neka je (H, π) reprezentacija C*-algebre $\mathcal{A}$ i neka je H_1 zatvoren podprostor od H, a P_{H_1} ortogonalni projektor H na H_1. Tada je H_1 invarijantan u odnosu na π ako i samo ako P_{H_1} komutira sa $\pi(a)$, za svako $a \in \mathcal{A}$.*

Dokaz. Neka je H_1 zatvoren podprostor od H invarijantan u odnosu na π i neka je $a \in \mathcal{A}$ proizvoljno. Tada se proizvoljan element $h \in H$ može predstaviti u obliku ortogonalne dekompozicije $h = h_1 + h_2$, gde su $h_1 \in H_1$, $h_2 \in H \setminus H_1$ odakle sledi:

$$(P_{H_1}\pi(a)P_{H_1})h = P_{H_1}\pi(a)h_1 = P_{H_1}h_1',$$

gde je $h_1' = \pi(a)h_1 \in H_1$ zbog invarijantnosti, tako da dalje imamo:

$$(P_{H_1}\pi(a)P_{H_1})h = h_1' = \pi(a)h_1 = (\pi(a)P_{H_1})h.$$

Primenom ovog rezultata na a^* dobijamo:

$$\begin{aligned}\pi(a)P_{H_1} &= (P_{H_1}\pi(a)P_{H_1})^{**} = (P_{H_1}\pi(a^*)P_{H_1})^* \\ &= (\pi(a^*)P_{H_1})^* = P_{H_1}\pi(a).\end{aligned}$$

Obratno, ukoliko P_{H_1} komutira sa $\pi(a)$ za svako $a \in \mathcal{A}$ važiće:

$$\pi(a)H_1 \subseteq \{(\pi(a)P_{H_1})h;\ h \in H\} = \{P_{H_1}\pi(a)h;\ h \in H\} \subseteq H_1.$$

Dakle, u ovom slučaju H_1 jeste invarijantan u odnosu na π. □

Ako je H_1 invarijantan u odnosu na π i ako je π_1 definisano sa:

$$\pi_1(a) = P_{H_1}\pi(a)P_{H_1} = \pi(a)P_{H_1}, \quad a \in \mathcal{A}$$

onda je (H_1, π_1) reprezentacija algebre $\mathcal{A}$ jer:

$$\begin{aligned}\pi_1(a)\pi_1(b) &= (P_{H_1}\pi(a)P_{H_1})(P_{H_1}\pi(b)P_{H_1}) = P_{H_1}\pi(a)P_{H_1}\pi(b)P_{H_1} \\ &= P_{H_1}\pi(a)\pi(b)P_{H_1} = P_{H_1}\pi(ab)P_{H_1} = \pi_1(ab).\end{aligned}$$

Reprezentacija konstruisana na ovaj način naziva se *podreprezentacija* reprezentacije (H, π).

Ortogonalni komplement, ${H_1}^\perp$, zatvorenog podprostora H_1 invarijantnog u odnosu na π, će takođe biti invarijantan u odnosu na π. Zaista, za proizvoljne $h \in {H_1}^\perp$ i $h_1 \in H_1$ iz invarijantnosti H_1 sledi $\pi(a^*)h_1 \in H_1$ što povlači:

$$(h_1, \pi(a)h) = (\pi(a)^*h_1, h) = (\pi(a^*)h_1, h) = 0.$$

Za izvođenje jednog interesantnog zaključka iz prethodnog razmatranja potrebno je uvesti pojam direktne sume reprezentacija. Ako su $(H_i, \|\cdot\|_i)$, $i \in I$, Hilbertovi prostori, onda se direktna suma ovih prostora definiše na sledeći način: $\bigoplus\limits_{i\in I} H_i = \{(h_i)_{i\in I};\ (\forall i \in I)\ h_i \in H_i, \sum\limits_{i\in I}\|h_i\|_i^2 < \infty\}$. *Direktna suma reprezentacija* (H_i, π_i), $i \in I$ definiše se kao reprezentacija (H, π), gde je $H = \bigoplus\limits_{i\in I} H_i$, a $\pi = \bigoplus\limits_{i\in I} \pi_i : \mathcal{A} \to \mathcal{B}(\bigoplus\limits_{i\in I} H_i)$ preslikavanje definisano sa $\pi(a)(h_i)_i = (\pi_i(a)h_i)_i$.

Dakle, uz oznaku $H_2 = {H_1}^\perp$, došli smo do zaključka da, ukoliko je H_1 zatvoren podprostor od H i invarijantan u odnosu na reprezentaciju (H, π), imamo dve podreprezentacije (H_1, π_1) i (H_2, π_2), gde je $\pi_1(a) = P_{H_1}\pi(a)P_{H_1}$, $\pi_2(a) = P_{H_2}\pi(a)P_{H_2}$, za $a \in \mathcal{A}$. Pri tom je H direktna suma skupova H_1 i H_2, tj. $H = H_1 \oplus H_2$, i $\pi = \pi_1 \oplus \pi_2$. Dakle, dobili smo dekompoziciju polazne reprezentacije:

$$(H, \pi) = (H_1, \pi_1) \oplus (H_2, \pi_2).$$

Skup $H_0 = \{h \in H;\ (\forall a \in \mathcal{A})\ \pi(a)h = 0\}$ je invarijantan u odnosu na π i odgovarajuća podreprezentacija $\pi_0 = P_{H_0}\pi P_{H_0}$ je nula funkcija. Zbog toga što i netrivijalne reprezentacije imaju ovu podreprezentaciju pa se može desiti da se u prethodno opisanoj dekompoziciji nađe netrivijalan podprostor sa trivijalnim *-homomorfizmom, uvodi se sledeći pojam.

Definicija 4.1.5. Za reprezentaciju (H, π) kažemo da je *nedegenerisana* ako je $H_0 = \{h \in H;\ (\forall a \in \mathcal{A})\ \pi(a)h = 0\} = \{0\}$.

Očigledno, (H, π) je nedegenerisana ako i samo ako za svaki nenula vektor $h \in H$ postoji neko $a \in \mathcal{A}$ takvo da je $\pi(a)h \neq 0$, tj. ako i samo ako je skup $\pi(\mathcal{A})H = \{\pi(a)h;\ a \in \mathcal{A}, h \in H\}$ gust u H.

Definicija 4.1.6. Vektor ω Hilbertovog prostora H je *cikličan* u odnosu na skup ograničenih operatora M ako je lineal nad skupom $\{A\omega;\ A \in M\}$ gust u H.

Definicija 4.1.7. Reprezentacija (H, π) C*-algebre $\mathcal{A}$ je *ciklična reprezentacija* ako H sadrži vektor koji je cikličan u odnosu na skup $\pi(\mathcal{A})$.

Očigledno, reprezentacija (H, π) je ciklična ako i samo ako postoji vektor $h \in H$ takav da je $\overline{\{\pi(a)h;\ a \in \mathcal{A}\}} = H$, tj. kraće $\overline{\pi(\mathcal{A})h} = H$ odakle je lako videti da je svaka ciklična reprezentacija nedegenerisana. Obrat u opštem slučaju ne važi, ali ipak postoji jaka veza između nedegenerisanih i cikličnih reprezentacija, što ilustruje sledeća teorema.

Teorema 4.1.5. *Neka je (H, π) nedegenerisana reprezentacija C*-algebre $\mathcal{A}$. Tada je π direktna suma familije cikličnih podreprezentacija.*

Dokaz. Posmatrajmo familiju skupova oblika $\{h_i;\ i \in I\}$, gde su h_i nenula vektori prostora H za koje važi $(\pi(a)h_i, \pi(b)h_j) = 0$, za sve $a, b \in \mathcal{A}$ i $i \neq j$. Na ovoj familiji možemo uvesti skupovnu inkluziju kao parcijalno uređenje pa će, prema Zornovoj lemi, postojati njen maksimalni element $E = \{h_i;\ i \in I\}$. Definišemo vektorske prostore:

$$H_i = \overline{\{\pi(a)h_i;\ a \in \mathcal{A}\}}, \quad i \in I,$$

za koje je očigledno da su Hilbertovi podprostori od H, kao i da su invarijantni u odnosu na π. Dakle, možemo definisati podreprezentacije (H_i, π_i), $i \in I$, gde je $\pi_i(a) = P_{H_i}\pi(a)P_{H_i}$, za svako $a \in \mathcal{A}$. Ove reprezentacije su ciklične jer je skup $\{\pi_i(a)h_i;\ a \in \mathcal{A}\}$ gust u H_i, po definiciji prostora H_i.

Ostaje još da se dokaže da je $H = \bigoplus\limits_{i \in I} H_i$. Neka je $h \in (\bigoplus\limits_{i \in I} H_i)^{\perp}$ proizvoljan. Tada iz $(\forall a, b \in \mathcal{A})(\forall i \in I)\ (\pi(a)h_i, \pi(b)h) = (\pi(b^*a)h_i, h) = 0$ sledi da je $\pi(b)h$ ortogonalan u odnosu na sve prostore H_i odakle, zbog maksimalnosti elementa E, sledi da je $\pi(b)h = 0$ za svako $b \in \mathcal{A}$. Kako je (H, π) nedegenerisana reprezentacija to mora biti $h = 0$. Dakle, zaista je $(H, \pi) = \bigoplus_{i \in I}(H_i, \pi_i)$. □

Sada možemo zaključiti da se diskusija o nedegenerisanim reprezentacijama može svesti na diskusiju o cikličnim reprezentacijama, što je od izuzetnog značaja jer ćemo u sledećem poglavlju videti kako se, polazeći od stanja algebre, konstruiše ciklična reprezentacija.

U prethodnom dokazu smo izvršili dekompoziciju reprezentacije pomoću netrivijalnih zatvorenih invarijantnih podprostora, pa ukoliko takvi podprostori ne postoje dekompozicija neće biti moguća, što pokazuje potrebu za uvođenjem sledeće definicije.

Definicija 4.1.8. Reprezentacija (H, π) C*-algebre $\mathcal{A}$ je *ireducibilna reprezentacija* ako ne postoje netrivijalni zatvoreni podprostori od H invarijantni u odnosu na π.

Kako je $H_0 = \{h \in H;\ (\forall a \in \mathcal{A})\ \pi(a)h = 0\}$ zatvoren invarijantan podprostor od H to je ireducibilna reprezentacija nedegenerisana, osim u slučaju kada je $\pi = 0$ koji ćemo, zbog trivijalnosti, u ovom radu zanemariti.

Definicija 4.1.9. Neka je H Hilbertov prostor i $X \subseteq \mathcal{B}(H)$. *Komutant* skupa X je skup X' svih elemenata iz $\mathcal{B}(H)$ koji komutiraju sa svim elementima skupa X.

Teorema 4.1.6. *Neka je $\mathcal{A}$ C*-algebra i (H, π) njena reprezentacija. Sledeća tvrđenja su ekvivalentna:*

(1) (H, π) je ireducibilna reprezentacija.
(2) Svaki nenula vektor iz H je cikličan u odnosu na $\pi(\mathcal{A})$.
(3) $\pi(\mathcal{A})' = \mathbb{C}I$, gde je I identički operator definisan na H.

Dokaz. (1) $\Rightarrow$ (2): Pretpostavimo suprotno, da postoji nenula vektor $h \in H$ za koji je $\overline{\pi(\mathcal{A})h} \neq H$. Tada ortogonalni komplement $(\pi(\mathcal{A})h)^{\perp}$ sadrži bar jedan nenula vektor i očigledno je invarijantan u odnosu na π, što je u suprotnosti sa pretpostavkom o ireducibilnosti.

(2) $\Rightarrow$ (3): Neka su $A, B \in \pi(\mathcal{A})'$ takvi da je $AB = 0$ i $A \neq 0$. Tada postoji $h \in H$ za koji je $Ah \neq 0$ i $ABh = 0$. Međutim, onda je za svako $a \in \mathcal{A}$, $A\pi(a)Bh = \pi(a)ABh = 0$, a kako je Bh cikličan vektor to je $\overline{\pi(\mathcal{A})Bh} = H$ pa mora biti $A = 0$. Dakle, za $A, B \in \pi(\mathcal{A})'$ za koje je $AB = 0$ mora važiti $A = 0$ ili $B = 0$. Iz ovog rezultata sledi $\pi(\mathcal{A})' = \mathbb{C}I$, ali dokaz te implikacije zahteva rad sa fon Nojmanovim algebrama koje nisu tema ovog rada. Za pomenuti dokaz može se konsultovati knjiga „Banach Algebras and the General Theory of *-Algebras, Volume II", Theodore W. Palmer.

(3) $\Rightarrow$ (1): Neka je H_1 zatvoren podprostor od H invarijantan u odnosu na π. Tada je, prema Teoremi 4.1.4, $P_{H_1} \in \pi(\mathcal{A})'$ pa je $P_{H_1} = \alpha I$, za neko $\alpha \in \mathbb{C}$. Kako je $P_{H_1}^2 = P_{H_1}$ to mora biti $\alpha = 0$ ili $\alpha = 1$, a tada je $H_1 = \{0\}$ ili $H_1 = H$. Dakle, (H, π) jeste ireducibilna. $\square$

Neka je (H, π) nedegenerisana reprezentacija C*-algebre $\mathcal{A}$ i neka je $h \in H$ proizvoljan nenula vektor jedinične norme. Definišimo preslikavanje:

$$\omega_h(a) = (\pi(a)h, h), \quad a \in \mathcal{A}$$

koje je linearni funkcional na $\mathcal{A}$, i to pozitivan jer je:

$$\omega_h(a^*a) = (\pi(a^*a)h, h) = (\pi(a)h, \pi(a)h) = \|\pi(a)h\|^2 \geq 0.$$

Kako je, na osnovu Posledice 3.6, $\|\omega_h\| = \omega_h(\mathbb{1}) = \|h\|^2 = 1$ to je ω_h stanje na $\mathcal{A}$ (ukoliko $\mathcal{A}$ ne sadrži jedinicu posmatra se njeno proširenje jedinicom i kanonička ekstenzija funkcionala ω_h i primenjuje se Teorema 3.9). Ovakvo stanje naziva se *vektorsko stanje* reprezentacije (H, π).

4.2. Konsturisanje reprezentacija C*-algebre

Pokazano je kako se može konstruisati stanje na $\mathcal{A}$, polazeći od nedegenerisane reprezentacije (H, π) i proizvoljnog normiranog vektora iz H i da se u tom slučaju dobija vektorsko stanje. Sada će biti pokazan obrat: kako se, polazeći od proizvoljnog stanja ω, konstruiše ciklična reprezentacija (H_ω, π_ω) algebre $\mathcal{A}$ i vektor $h_\omega \in H_\omega$ takav da se ω može poistovetiti sa vektorskim stanjem ω_{h_ω}, tj. takav da važi $\omega(a) = (\pi_\omega(a)h_\omega, h_\omega)$ za svako $a \in \mathcal{A}$.

Prvo ćemo kostruisati prostor reprezentacije, H_ω. Definišimo preslikavanje $(\cdot,\cdot) : \mathcal{A} \times \mathcal{A} \to \mathbb{C}$ sa:

$$(\forall a, b \in \mathcal{A})\ (a, b) = \omega(b^*a).$$

Ovo preslikavanje je nenegativna seskvilinearna forma, tj. za proizvoljne $a, b, c \in \mathcal{A}$, $\alpha, \beta \in \mathbb{C}$ je:

$$\begin{aligned}
(a, a) = \omega(a^*a) &\geq 0 \quad \text{jer je } \omega \text{ pozitivan},\\
(\alpha a + \beta b, c) = \omega(c^*(\alpha a + \beta b)) &= \alpha\omega(c^*a) + \beta\omega(c^*b) = \alpha(a, c) + \beta(b, c)\\
\overline{(a, b)} = \overline{\omega(b^*a)} &= \omega(a^*b) = (b, a)
\end{aligned}$$

pri čemu je korišćena Teorema 3.7(1). Dalje, posmatramo skup

$$\mathfrak{I}_\omega = \{a \in \mathcal{A};\ \omega(a^*a) = 0\}$$

koji je levi ideal algebre $\mathcal{A}$ što se lako dokazuje korišćenjem Teoreme 3.7(3). Zaista, za proizvoljne $i \in \mathfrak{I}_\omega$ i $a \in \mathcal{A}$ je:

$$0 \leq \omega((ai)^*ai) = \omega(i^*a^*ai) \leq \|a\|^2\omega(i^*i) = 0.$$

Količnički prostor $\mathcal{A}/\mathfrak{I}_\omega$ je vektorski prostor pa definisanjem skalarnog proizvoda

$$(a + \mathfrak{I}_\omega, b + \mathfrak{I}_\omega) = (a, b) = \omega(b^*a), \quad a, b \in \mathcal{A}$$

dobijamo unitarni prostor. Ovako definisan skalarni proizvod ne zavisi od izbora predstavnika klase. Zaista, za proizvoljne $i_1, i_2 \in \mathfrak{I}_\omega$ je:

$$\begin{aligned}
\omega((b + i_1)^*(a + i_2)) &= \omega(b^*a) + \omega(i_1^*a) + \omega(b^*i_2) + \omega(i_1^*i_2)\\
&= \omega(b^*a) + \overline{\omega(a^*i_1)} + \omega(b^*i_2) + \omega(i_1^*i_2)\\
&= \omega(b^*a)
\end{aligned}$$

Unitaran prostor se uvek može proširiti do kompletnog, tj. Hilbertovog prostora tako da se očuva skalarni proizvod i da polazni prostor bude gust u proširenju. Takvo proširenje prostora $\mathcal{A}/\mathfrak{I}_\omega$ obeležićemo sa H_ω i to će biti traženi prostor reprezentacije.

Sada je potrebno definisati reprezentaciju π_ω na prostoru H_ω. Prvo ćemo je definisati na skupu $\mathcal{A}/\mathcal{I}_\omega$ na sledeći način:

$$\pi_\omega(a)(b+\mathcal{I}_\omega) = ab+\mathcal{I}_\omega, \qquad a\in\mathcal{A},\ b+\mathcal{I}_\omega\in\mathcal{A}/\mathcal{I}_\omega.$$

Očigledno je da preslikavanje ne zavisi od izbora predstavnika klase. Za svako $a\in\mathcal{A}$ preslikavanje $\pi_\omega(a)$ je linearno jer:

$$\begin{aligned}\pi_\omega(a)(\lambda(b+\mathcal{I}_\omega)+(c+\mathcal{I}_\omega)) &= \pi_\omega(a)((\lambda b+c)+\mathcal{I}_\omega)\\ &= a(\lambda b+c)+\mathcal{I}_\omega\\ &= \lambda(ab+\mathcal{I}_\omega)+(ac+\mathcal{I}_\omega)\\ &= \lambda\pi_\omega(a)(b+\mathcal{I}_\omega)+\pi_\omega(a)(c+\mathcal{I}_\omega)\end{aligned}$$

Koristeći Teoremu 3.7(4) dobijamo:

$$\begin{aligned}\|\pi_\omega(a)(b+\mathcal{I}_\omega)\|^2 &= \|ab+\mathcal{I}_\omega\|^2 = (ab+\mathcal{I}_\omega, ab+\mathcal{I}_\omega)\\ &= \omega((ab)^*ab) = \omega(b^*a^*ab)\\ &\le \|a\|^2\omega(b^*b) = \|a\|^2(b+\mathcal{I}_\omega, b+\mathcal{I}_\omega)\\ &= \|a\|^2\|b+\mathcal{I}_\omega\|^2\end{aligned}$$

odakle sledi da je $\pi_\omega(a)$ ograničen, tj. $\pi_\omega(a)\in\mathcal{B}(\mathcal{A}/\mathcal{I}_\omega)$. Kako je pri tom $\mathcal{A}/\mathcal{I}_\omega$ gust podprostor Hilbertovog prostora H_ω to $\pi_\omega(a)$ ima ograničenu linearnu ekstenziju na H_ω koju ćemo, takođe, označavati sa $\pi_\omega(a)$. Ispitajmo još da li je π_ω *-homomorfizam iz $\mathcal{A}$ u $\mathcal{B}(H_\omega)$:

$$\pi_\omega(a)\pi_\omega(b)(c+\mathcal{I}_\omega) = \pi_\omega(a)(bc+\mathcal{I}_\omega) = abc+\mathcal{I}_\omega = \pi_\omega(ab)(c+\mathcal{I}_\omega)$$

$$\begin{aligned}(\pi_\omega(a)(b+\mathcal{I}_\omega), c+\mathcal{I}_\omega) &= (ab+\mathcal{I}_\omega, c+\mathcal{I}_\omega) = \omega(c^*ab)\\ &= (b+\mathcal{I}_\omega, a^*c+\mathcal{I}_\omega) = (b+\mathcal{I}_\omega, \pi_\omega(a^*)(c+\mathcal{I}_\omega)).\end{aligned}$$

Dakle, konstruisali smo reprezentaciju (H_ω,π_ω) algebre $\mathcal{A}$. Ostaje još da odredimo vektor stanja h_ω za koji će važiti $(\pi_\omega(a)h_\omega, h_\omega)=\omega(a)$. Na početku konstrukcije smo napomenuli da ukoliko $\mathcal{A}$ nema jedinicu, ovu konstrukciju izvodimo na proširenju $\tilde{\mathcal{A}}$ algebre $\mathcal{A}$ jedinicom, pa možemo definisati $h_\omega = \mathbb{1}+\mathcal{I}_\omega$ i uverimo se da je $\omega(a)$ vektor stanja:

$$(\pi_\omega(a)h_\omega, h_\omega) = (a+\mathcal{I}_\omega, \mathbb{1}+\mathcal{I}_\omega) = \omega(a).$$

Ukoliko algebra $\mathcal{A}$ sadrži jedinicu, skup $\{\pi_\omega(a)h_\omega;\ a\in\mathcal{A}\}$ je zapravo skup $\{a+\mathcal{I}_\omega;\ a\in\mathcal{A}\}$ koji je gust u H_ω pa je vektor h_ω cikličan u odnosu na reprezentaciju (H_ω,π_ω).

Ako $\mathcal{A}$ ne sadrži jedinicu onda primenjivanjem prethodno opisane konstrukcije na proširenje $\tilde{\mathcal{A}}$ algebre $\mathcal{A}$ jedinicom, dobijamo reprezentacioni prostor H_ω u kome je skup $\pi_\omega(\tilde{\mathcal{A}})h_\omega = \{\alpha\mathbb{1} + a + \mathfrak{I}_\omega;\ \alpha \in \mathbb{C}, a \in \mathcal{A}\}$ gust. Vektor h_ω je cikličan ako je skup $\pi_\omega(\mathcal{A})h_\omega = \{a + \mathfrak{I}_\omega;\ a \in \mathcal{A}\}$ gust u H_ω, a to će važiti ukoliko je $h_\omega = \mathbb{1} + \mathfrak{I}_\omega$ sadržan u njegovom zatvorenju. Neka je $(e_\lambda)_\lambda$ aproksimativna jedinica u $\mathcal{A}$. Tada je:

$$\begin{aligned}\|\pi_\omega(e_\lambda)h_\omega - h_\omega\|^2 &= (\pi_\omega(e_\lambda)h_\omega - h_\omega, \pi_\omega(e_\lambda)h_\omega - h_\omega)\\ &= (\pi_\omega(e_\lambda^* e_\lambda)h_\omega, h_\omega) - \omega(e_\lambda) - \overline{\omega(e_\lambda)} + \|h_\omega\|^2\\ &= \omega(e_\lambda^2) - 2\omega(e_\lambda) + 1.\end{aligned}$$

Koristeći Teoremu 3.4 i njenu Posledicu 3.5, zaključujemo da je:

$$\lim_\lambda \|\pi_\omega(e_\lambda)h_\omega - h_\omega\|^2 = 1 - \|\omega\| = 0.$$

Dakle, vektor h_ω je u skupu $\overline{\pi_\omega(\mathcal{A})h_\omega}$ odakle sledi da je cikličan vektor.

Da sumiramo, polazeći od stanja ω konstruisali smo seskvilinearnu formu $(a, b) = \omega(b^*a)$, a zatim smo uočili da je $\mathfrak{I}_\omega$ levi ideal da bismo definisali skalarni proizvod $(a+\mathfrak{I}_\omega, b+\mathfrak{I}_\omega) = \omega(b^*a)$ na $\mathcal{A}/\mathfrak{I}_\omega$. Potom smo definisali preslikavanje $\pi_\omega(a)(b+I_\omega) = ab+\mathfrak{I}_\omega$ na unitarnom prostoru $\mathcal{A}/\mathfrak{I}_\omega$, koje smo zatim proširili do reprezentacije (H_ω, π_ω) i dokazali da je ona ciklična jer je vektor $h_\omega = \mathbb{1} + \mathfrak{I}_\omega$ cikličan. Pri tom je $\omega(a) = (\pi_\omega(a)h_\omega, h_\omega)$, tj. ω je vektorsko stanje algebre $\mathcal{A}$. Ova konstrukcija ciklične reprezentacije naziva se *Geljfand-Naimark-Sigal konstrukcija*, ili kraće GNS konstrukcija. Dobijena reprezentacija označava se sa $(H_\omega, \pi_\omega, h_\omega)$ da bi se istakao ciklični vektor h_ω i naziva se *kanonička reprezentacija algebre $\mathcal{A}$ pridružena stanju ω.*

Definicija 4.2.1. Dve reprezentacije (H_1, π_1) i (H_2, π_2) C*-algebre $\mathcal{A}$ su *unitarno ekvivalentne* ako postoji unitaran operator U iz H_1 na H_2 takav da je:

$$(\forall a \in \mathcal{A})\ U\pi_1(a)U^* = \pi_2(a).$$

Teorema 4.2.1. *Neka je ω stanje C*-algebre $\mathcal{A}$. Ukoliko je (H, π, h) ciklična reprezentacija algebre $\mathcal{A}$ takva da je $h \in H$ vektor koji je cikličan u odnosu na nju i da je $\omega(a) = (\pi(a)h, h)$, za svako $a \in \mathcal{A}$, onda je ova reprezentacija unitarno ekvivalentna kanoničkoj reprezentaciji $(H_\omega, \pi_\omega, h_\omega)$ algebre $\mathcal{A}$.*

Dokaz. Definišimo operator U_0 iz $\pi_\omega(\mathcal{A})h_\omega$ na $\pi(\mathcal{A})h$ sa:

$$(\forall a \in \mathcal{A})\ U_0\pi_\omega(a)h_\omega = \pi(a)h.$$

On je dobro definisan i unitaran, što sledi iz:

$$\begin{aligned}(U_0\pi_\omega(a)h_\omega, U_0\pi_\omega(b)h_\omega) &= (\pi(a)h, \pi(b)h) = (\pi(b^*a)h, h)\\ &= \omega(b^*a) = (\pi_\omega(a)h_\omega, \pi_\omega(b)h_\omega)\end{aligned}$$

Kako su domen, $\pi_\omega(\mathcal{A})h_\omega$, i rang, $\pi(\mathcal{A})h$, ovog preslikavanja gusti skupovi u, redom, H_ω i H to se ono može proširiti do unitarnog operatora U iz H_ω na H. Za proizvoljne $a, b \in \mathcal{A}$ će tada važiti:

$$\begin{aligned}\pi(a)U_0\pi_\omega(b)h_\omega &= \pi(a)\pi(b)h = \pi(ab)h \\ &= U_0\pi_\omega(ab)h_\omega = U_0\pi_\omega(a)\pi_\omega(b)h_\omega,\end{aligned}$$

odakle sledi $\pi(a)U = U\pi_\omega(a)$, tj. $U\pi_\omega(a)U^* = \pi(a)$, za svako $a \in \mathcal{A}$. □

Nakon uočavanja veze između stanja i reprezentacija, možemo tu vezu produbiti uspostavljanjem korelacije između čistih stanja i ireducibilnih reprezentacija, ali prvo ćemo se podsetiti Risove teoreme i dokazati lemu neophodnu za dalji rad.

Teorema 4.2.2 (Ris). *Ako je H Hilbertov prostor i $\omega \in H^*$ onda postoji jedinstven vektor $x \in H$ za koji je $\omega(y) = (y, x)$, za svako $y \in H$.*

Lema 4.2.3. *Neka je H Hilbertov prostor i ω ograničena seskvilinearna forma na njemu. Tada postoji jedinstven ograničen operator T na H za koji je $\omega(x, y) = (x, Ty)$, za sve $x, y \in H$.*

Dokaz. Za fiksirano $y \in H$ označimo $\omega_y(x) = \omega(x, y)$, za svako $x \in H$. Preslikavanje $x \mapsto \omega_y(x)$ je ograničen linearan funkcional na H što, prema Risovoj teoremi, povlači egzistenciju jedinstvenog vektora h_y takvog da je:

$$\omega(x, y) = \omega_y(x) = (x, h_y).$$

Na ovaj način definisan je operator na H, $T : y \mapsto h_y$ koji je ograničen jer:

$$\|Ty\|^2 = \|h_y\|^2 = (h_y, h_y) = \omega_y(h_y) \leq \|\omega\|\|y\|.$$

Kako je $\omega(x, y) = \omega_y(x) = (x, Ty)$, to je tvrđenje dokazano. □

Teorema 4.2.4. *Neka je ω stanje C^*-algebre $\mathcal{A}$. Tada je njemu pridružena kanonička reprezentacija $(H_\omega, \pi_\omega, h_\omega)$ ireducibilna ako i samo ako je ω čisto stanje.*

Dokaz. ($\Rightarrow$): Pretpostavimo suprotno, da ω nije čisto stanje, tj. da postoji pozitivan funkcional ρ algebre $\mathcal{A}$ takav da je $\rho(a^*a) \leq \omega(a^*a)$, za svako $a \in \mathcal{A}$, i $\rho \neq \lambda\omega$, $0 \leq \lambda \leq 1$. Koristeći nejednakost Koši-Švarca dobijamo da za proizvoljne $a, b \in \mathcal{A}$ važi:

$$|\rho(b^*a)|^2 \leq \rho(b^*b)\rho(a^*a) \leq \omega(b^*b)\omega(a^*a) = \|\pi_\omega(b)\|^2\|\pi_\omega(a)\|^2.$$

Kako je sa $(\cdot, \cdot) : (\pi_\omega(a)h_\omega, \pi_\omega(b)h_\omega) \mapsto \rho(b^*a)$ definisana ograničena seskvilinearna forma na skupu $\pi_\omega(\mathcal{A})h_\omega \times \pi_\omega(\mathcal{A})h_\omega$ koji je gust u $H_\omega \times H_\omega$ to, prema prethodnoj lemi, postoji $T \in \mathcal{B}(H_\omega)$ takav da je:

$$\rho(b^*a) = (\pi_\omega(a)h_\omega, T\pi_\omega(b)h_\omega).$$

Kako za sve $\lambda \in \mathbb{C}$ važi $\rho \neq \lambda\omega$, to mora važiti i $T \neq \lambda I$, gde je I identički operator na H_ω, jer bi u suprotnom bilo:

$$\rho(b^*a) = \bar{\lambda}(\pi_\omega(a)h_\omega, \pi_\omega(b)h_\omega) = \bar{\lambda}\omega(b^*a).$$

Sa druge strane,

$$\begin{aligned}(\pi_\omega(a)h_\omega, T\pi_\omega(b)\pi_\omega(c)h_\omega) &= \rho((bc)^*a) = \rho(c^*(b^*a)) \\ &= (\pi_\omega(b^*a)h_\omega, T\pi_\omega(c)h_\omega) \\ &= (\pi_\omega(a)h_\omega, \pi_\omega(b)T\pi_\omega(c)h_\omega),\end{aligned}$$

odakle sledi da je $T \in \pi_\omega(\mathcal{A})'$, što je u kontradikciji sa pretpostavkom da je reprezentacija ireducibilna, prema Teoremi 4.1.6.

($\Leftarrow$): Pretpostavimo da je ω čisto stanje i da je X zatvoren invarijantan podprostor od H_ω. Prema Teoremi 4.1.4, ortogonalni projektor P_X komutira sa $\pi(a)$, za svako $a \in \mathcal{A}$. Definišimo preslikavanje:

$$\rho(a) = (\pi_\omega(a)P_X h_\omega, P_X h_\omega),\ a \in \mathcal{A}$$

i uočimo da je ono pozitivan funkcional na $\mathcal{A}$. Kako je, za proizvoljno $a \in \mathcal{A}$:

$$\begin{aligned}\rho(a^*a) &= (\pi_\omega(a^*a)P_X h_\omega, P_X h_\omega) = \|\pi_\omega(a)P_X h_\omega\|^2 \\ &= \|P_X\pi_\omega(a)h_\omega\|^2 \leq \|P_X\|^2\|\pi_\omega(a)h_\omega\|^2 = \omega(a^*a)\end{aligned}$$

to je $\rho \leq \omega$ pa, kako je ω čisto stanje, mora postojati neko $\lambda \in [0,1]$ za koje je $\rho = \lambda\omega$. Za proizvoljne $a, b \in \mathcal{A}$ je tada:

$$\begin{aligned}(\lambda\pi_\omega(a)h_\omega, \pi_\omega(b)h_\omega) &= \lambda\omega(b^*a) = \rho(b^*a) \\ &= (\pi_\omega(b^*a)P_X h_\omega, P_X h_\omega) = (\pi_\omega(a)P_X h_\omega, \pi_\omega(b)P_X h_\omega) \\ &= (P_X\pi_\omega(a)h_\omega, P_X\pi_\omega(b)h_\omega) = (P_X^2\pi_\omega(a)h_\omega, \pi_\omega(b)h_\omega) \\ &= (P_X\pi_\omega(a)h_\omega, \pi_\omega(b)h_\omega)\end{aligned}$$

odakle sledi $P_X = \lambda I$. Ukoliko je $P_X \neq 0$ onda iz $\|P_X\| = \|I\| = 1$ sledi $\lambda = 1$, tj. $P_X = I$. Dakle, ortogonalni projektor P_X je ili nula-preslikavanje ili je identičko preslikavanje što povlači zaključak da je $X = \{0\}$ ili je $X = H_\omega$, čime je dokazana ireducibilnost reprezentacije $(H_\omega, \pi_\omega, h_\omega)$. □

Teorema 4.2.5. *Neka je ω stanje C^*-algebre $\mathcal{A}$ koja nema jedinicu i neka je $\tilde{\omega}$ njegova kanonička ekstenzija na algebru $\tilde{\mathcal{A}} = \mathbb{C}\mathbb{1} + \mathcal{A}$. Tada je ω čisto stanje na $\mathcal{A}$ ako i samo ako je $\tilde{\omega}$ čisto stanje na $\tilde{\mathcal{A}}$.*

Dokaz. Neka je $(H_\omega, \pi_\omega, h_\omega)$ kanonička reprezentacija algebre $\mathcal{A}$ pridružena stanju ω i neka je $\mathbb{1}_{\tilde{\omega}}$ identičko preslikavanje na H_ω, tj. jedinica algebre $\mathcal{B}(H_\omega)$. Ako označimo $H_{\tilde{\omega}} = H_\omega$, $h_{\tilde{\omega}} = h_\omega$ i $\pi_{\tilde{\omega}}(\lambda\mathbb{1} + a) = \lambda\mathbb{1}_{\tilde{\omega}} + \pi_\omega(a)$, za

$\lambda \in \mathbb{C}$ i $a \in \mathcal{A}$, onda je $(H_{\tilde{\omega}}, \pi_{\tilde{\omega}}, h_{\tilde{\omega}})$ ciklična reprezentacija na $\tilde{\mathcal{A}}$ za koju je, za proizvoljno $a \in \mathcal{A}$:

$$\begin{aligned}(\pi_{\tilde{\omega}}(a)h_{\tilde{\omega}}, h_{\tilde{\omega}}) &= ((\lambda \mathbb{1}_{\tilde{\omega}} + \pi_\omega(a))h_\omega, h_\omega) \\ &= \lambda(h_\omega, h_\omega) + (\pi_\omega(a)h_\omega, h_\omega) \\ &= \lambda\|h_\omega\| + \omega(a) \\ &= \lambda\|\omega\| + \omega(a) = \tilde{\omega}(a).\end{aligned}$$

Očigledno je da je $(H_\omega, \pi_\omega, h_\omega)$ ireducibilna ako i samo ako je $(H_{\tilde{\omega}}, \pi_{\tilde{\omega}}, h_{\tilde{\omega}})$ ireducibilna odakle, na osnovu prethodne teoreme, sledi da je ω čisto stanje algebre $\mathcal{A}$ ako i samo ako je $\tilde{\omega}$ čisto stanje algebre $\tilde{\mathcal{A}}$. □

Teorema 4.2.6. *Neka je ω stanje komutativne C^*-algebre $\mathcal{A}$. Tada je ω čisto stanje ako i samo ako je $\omega(ab) = \omega(a)\omega(b)$, za svako $a, b \in \mathcal{A}$.*

Dokaz. ($\Rightarrow$): Neka je ω čisto stanje. Tada je njemu pridružena kanonička reprezentacija $(H_\omega, \pi_\omega, h_\omega)$ ireducibilna pa je $\pi_\omega(\mathcal{A})' = \mathbb{C}I$. Kako je $\mathcal{A}$ komutativna algebra to je $\pi_\omega(\mathcal{A}) \subseteq \pi_\omega(\mathcal{A})' = \mathbb{C}I$, tj. svi elementi skupa $\pi_\omega(\mathcal{A})$ su multiplikativni operatori pa komutiraju sa svim ostalim operatorima iz $\mathcal{B}(H_\omega)$, tj. $\mathcal{B}(H_\omega) = \pi_\omega(\mathcal{A})' = \mathbb{C}I$. Dakle, za proizvoljne $a, b \in \mathcal{A}$ postoje neki $\alpha, \beta \in \mathbb{C}$ takvi da je $\pi_\omega(a) = \alpha I$ i $\pi_\omega(b) = \beta I$ zbog čega je:

$$\omega(ab) = (\pi_\omega(ab)h_\omega, h_\omega) = \alpha\beta(h_\omega, h_\omega) = (\alpha h_\omega, h_\omega)(\beta h_\omega, h_\omega) = \omega(a)\omega(b),$$

pri čemu je iskorišćeno $(h_\omega, h_\omega) = \|h_\omega\|^2 = 1$.

($\Leftarrow$): Neka je ω multiplikativno stanje na $\mathcal{A}$ i neka je ρ pozitivan linearan funkcional na $\mathcal{A}$ takav da je $\rho \leq \omega$. Ako je $a \in \ker\omega$ onda je $\rho(a^*a) \leq \omega(a^*a) = \omega(a^*)\omega(a) = 0$ pa iz $|\rho(a)| \leq \rho(a^*a)^{1/2}$ sledi $\rho(a) = 0$, pri čemu smo koristili nejednakost Koši-Švarca. Dakle, $\ker\omega \subseteq \ker\rho$ odakle sledi da postoji $\alpha \in \mathbb{C}$ za koji je $\rho = \alpha\omega$. Neka je $a \in \mathcal{A}$ takav da je $\omega(a) = 1$. Tada je $\omega(a^*a) = \omega(a)^*\omega(a) = 1$ odakle sledi $\rho(a^*a) = \alpha\omega(a^*a) = \alpha$, a kako je $0 \leq \rho(a^*a) \leq \omega(a^*a) = 1$ to mora biti $0 \leq \alpha \leq 1$. Dakle, za proizvoljan linearan pozitivan funkcional ρ takav da je $\rho \leq \omega$ pronašli smo $\alpha \in [0, 1]$ za koji je $\rho = \alpha\omega$ pa možemo zaključiti da je ω čisto stanje. □

4.3. Egzistencija reprezentacija C*-algebre

Na početku ovog poglavlja podsetićemo se Han-Banahove teoreme koja predstavlja jedan od najznačajnijih rezultata teorije operatora, a na kraju poglavlja nalazi se uopštenje te teoreme na stanja C*-algebre.

Teorema 4.3.1 (Han-Banah). *Neka je Y podprostor normiranog prostora X i neka je f ograničen linearan funkcional na Y. Tada postoji ograničen linearni funkcional F takav da je $(\forall y \in Y)\ F(y) = f(y)$ i $\|F\| = \|f\|$.*

Teorema 4.3.2. *Neka je $\mathcal{A}$ C*-algebra i $a \in \mathcal{A}$. Tada postoji čisto stanje ω na $\mathcal{A}$ takvo da je $\omega(a^*a) = \|a\|^2$, a samim tim i ireducibilna reprezentacija (H, π, h) za koju je $\|\pi(a)\| = \|a\|$.*

Dokaz. Ukoliko $\mathcal{A}$ nema jedinicu smatraćemo da je proširena njome. Na podprostoru $B = \{\alpha\mathbb{1} + \beta a^*a;\ \alpha, \beta \in \mathbb{C}\}$ od $\mathcal{A}$ definišimo linearni funkcional:

$$f(\alpha\mathbb{1} + \beta a^*a) = \alpha + \beta\|a\|^2.$$

Primenom Teoreme 2.2.4, imajući u vidu da je a^*a samoadjungovan element i da je $\alpha\mathbb{1} + \beta a^*a$ normalan, dobijamo:

$$|\alpha + \beta\|a\|^2| \leq \sup\{|\alpha + \beta\lambda|;\ \lambda \in \sigma(a^*a)\} = \|\alpha\mathbb{1} + \beta a^*a\|,$$

odakle sledi da je $\|f\| \leq 1$. Sa druge strane, iz $f(\mathbb{1}) = 1$ sledi $\|f\| \geq 1$. Dakle, $\|f\| = 1 = f(\mathbb{1})$, odakle na osnovu Posledice 3.6 sledi da je f stanje.

Prema Han-Banahovoj teoremi sledi da postoji ograničen linearan funkcional τ koji je ekstenzija funkcionala f na $\tilde{\mathcal{A}}$ i za koji važi

$$\|\tau\| = \|f\| = 1 = f(\mathbb{1}) = \tau(\mathbb{1}),$$

odakle sledi da je τ stanje. Pri tom je $\tau(a^*a) = f(a^*a) = \|a\|^2$ pa je skup $S_a = \{\rho \in S(\mathcal{A});\ \rho(a^*a) = \|a\|^2\}$ neprazan, a kako je i konveksan, slabo*-zatvoren podskup jedinične kugle $\mathcal{A}_1^*$ prostora $\mathcal{A}^*$, to je S_a konveksan slabo*-kompaktan skup u $\mathcal{A}^*$. Prema Krein-Milmanovoj teoremi, skup S_a ima bar jednu ekstremnu tačku koju ćemo označiti sa ω. Dokažimo da je tada ω ekstremna tačka skupa $S(\mathcal{A})$. Pretpostavimo da, za neke $\omega_1, \omega_2 \in S(\mathcal{A})$ i $\alpha \in (0, 1)$, važi $\omega = \alpha\omega_1 + (1-\alpha)\omega_2$. Tada je $|\omega_1(a^*a)| \leq \|a\|^2$, $|\omega_2(a^*a)| \leq \|a\|^2$ i $\|a\|^2 = \omega(a^*a) = \alpha\omega_1(a^*a) + (1-\alpha)\omega_2(a^*a)$, što je moguće samo ukoliko je $\omega_1(a^*a) = \omega_2(a^*a) = \|a\|^2$, tj. ukoliko je $\omega_1, \omega_2 \in S_a$. Međutim, tada je $\omega_1 = \omega_2 = \omega$ jer je ω ekstremna tačka skupa S_a. Dakle, ω je ekstremna tačka skupa $S(\mathcal{A})$, a na osnovu Teoreme 3.11 sledi da je ω čisto stanje.

Prema Teoremi 4.2.4, kanonička reprezentacija $(H_\omega, \pi_\omega, h_\omega)$ je ireducibilna, a prema Teoremi 4.1.1 je:

$$\|a\|^2 = \omega(a^*a) = \|\pi_\omega(a)h_\omega\|^2 \leq \|\pi_\omega(a)\| \leq \|a\|^2. \qquad \square$$

Teorema 4.3.3 (Geljfand-Naimark). *Svaka C^*-algebra je izometrički $*$-izomorfna sa C^*-podalgebrom od $\mathcal{B}(H)$, gde je H neki Hilbertov prostor.*

Dokaz. Za svako stanje ω algebre $\mathcal{A}$ konstruišimo odgovarajuću kanoničku reprezentaciju $(H_\omega, \pi_\omega, h_\omega)$ i formirajmo direktnu sumu ovih reprezentacija:

$$H = \bigoplus_{\omega \in S(\mathcal{A})} H_\omega, \quad \pi = \bigoplus_{\omega \in S(\mathcal{A})} \pi_\omega.$$

Zatim primetimo da za svako $a \in \mathcal{A}$, prema prethodnoj teoremi, postoji stanje ω_a takvo da je $\|\pi_{\omega_a}(a)\| = \|a\|$ pa je $\|\pi(a)\| \geq \|\pi_{\omega_a}(a)\| = \|a\|$. Sa druge strane, prema Teoremi 4.1.1 je $\|\pi(a)\| \leq \|a\|$. Dakle, za svako $a \in \mathcal{A}$ važi jednakost $\|\pi(a)\| = \|a\|$. Kako iz izometričnosti $*$-homomorfizma π sledi njegova injektivnost to dobijamo da je π $*$-izomorfizam iz $\mathcal{A}$ na $\pi(\mathcal{A}) \subseteq \mathcal{B}(H)$. Na osnovu Teoreme 4.1.2, $\pi(\mathcal{A})$ je C*-algebra. □

Teorema 4.3.4. *Neka je $\mathcal{B}$ C^*-podalgebra C^*-algebre $\mathcal{A}$ i neka je ω stanje na $\mathcal{B}$. Tada postoji stanje $\hat{\omega}$ na $\mathcal{A}$ koje je ekstenzija stanja ω. Ako je ω čisto stanje onda se $\hat{\omega}$ može izabrati tako da bude čisto stanje na $\mathcal{A}$.*

Dokaz. Bez gubljenja opštosti možemo pretpostaviti da $\mathcal{A}$ i $\mathcal{B}$ imaju zajedničku jedinicu $\mathbb{1}$, jer se mogu posmatrati proširenja ovih algebri ukoliko je potrebno, s tim što bi se u tom slučaju posmatrala kanonička ekstenzija stanja ω i pozivali bismo se na Teoremu 4.2.5.

Prema Han-Banahovoj teoremi, postoji ograničena linearna ekstenzija $\tilde{\omega}$ stanja ω na $\mathcal{A}$ za koju je $\|\tilde{\omega}\| = \|\omega\| = 1$. Kako je pri tom i $\tilde{\omega}(\mathbb{1}) = \omega(\mathbb{1}) = 1$ to je $\tilde{\omega}$ stanje, prema Teoremi 3.6. Ako sa S_ω označimo skup svih stanja na $\mathcal{A}$ koja su ekstenzije stanja ω onda je S_ω konveksan slabo*-zatvoren podskup od $S(\mathcal{A})$ pa je i slabo*-kompaktan. Prema Krein-Milmanovoj teoremi, skup S_ω ima bar jednu ekstremnu tačku $\hat{\omega}$. Pretpostavimo da je ω čisto stanje i dokažimo da je tada $\hat{\omega}$ ekstremna tačka skupa $S(\mathcal{A})$, a samim tim i čisto stanje. Neka su $\hat{\omega}_1, \hat{\omega}_2 \in S(\mathcal{A})$ i $\alpha \in (0,1)$ takvi da je $\hat{\omega} = \alpha\hat{\omega}_1 + (1-\alpha)\hat{\omega}_2$. Restrikcije ω_1 i ω_2 stanja $\hat{\omega}_1$ i $\hat{\omega}_2$, redom, na $\mathcal{B}$ su stanja na $\mathcal{B}$ i za njih važi $\omega = \alpha\omega_1 + (1-\alpha)\omega_2$. Kako je ω čisto stanje to je $\omega = \omega_1 = \omega_2$ odakle sledi $\hat{\omega}_1, \hat{\omega}_2 \in S_\omega$ pa je $\hat{\omega} = \hat{\omega}_1 = \hat{\omega}_2$ jer je $\hat{\omega}$ ekstremna tačka skupa S_ω. □

4.4. Reprezentacije komutativne C*-algebre

Definicija 4.4.1. Neka je $\mathcal{A}$ komutativna C*-algebra. Linearno nenula preslikavanje $\omega : \mathcal{A} \to \mathbb{C}$ za koje važi osobina multiplikativnosti:

$$\omega(ab) = \omega(a)\omega(b), \quad \text{za svako } a, b \in \mathcal{A}$$

naziva se *karakter* u $\mathcal{A}$. Skup svih karaktera algebre $\mathcal{A}$ naziva se *spektar algebre* $\mathcal{A}$ i označava se sa $\sigma(\mathcal{A})$.

Dakle, karakteri su nenula homomorfizmi iz $\mathcal{A}$ u $\mathbb{C}$ i kao takvi, oni su neprekidna preslikavanja.

Lema 4.4.1. *Ako je $\mathcal{A}$ C*-algebra bez jedinice i ω karakter u njoj onda je i njegova kanonička ekstenzija $\tilde{\omega}$ karakter na $\tilde{\mathcal{A}}$.*

Dokaz. Za proizvoljne $\alpha, \beta \in \mathbb{C}$, $a, b \in \mathcal{A}$ je:

$$\begin{aligned}\tilde{\omega}((\alpha\mathbb{1} + a)(\beta\mathbb{1} + b)) &= \tilde{\omega}(\alpha\beta\mathbb{1} + \alpha b + \beta a + ab) \\ &= \alpha\beta + \alpha\omega(b) + \beta\omega(a) + \omega(a)\omega(b) \\ &= (\alpha + \omega(a))(\beta + \omega(b)) \\ &= \tilde{\omega}(\alpha + a)\tilde{\omega}(\beta + b).\end{aligned}$$

□

Lema 4.4.2. *Ako je ω karakter komutativne C*-algebre $\mathcal{A}$ onda je $(\forall a \in \mathcal{A})\ \omega(a) \in \sigma(a)$. Takođe, za svako $a \in \mathcal{A}$ je $\|\omega(a)\| \leq \|a\|$ i $\omega(a^*a) \geq 0$.*

Dokaz. Na osnovu prethodne leme, bez gubljenja opštosti možemo pretpostaviti da $\mathcal{A}$ sadrži jedinicu, jer bismo u suprotnom posmatrali njeno proširenje jedinicom, $\tilde{\mathcal{A}}$, i kanoničku ekstenziju karaktera ω.

Pod uslovom da je $\omega \neq 0$ važiće $\omega(\mathbb{1}) = 1$ jer je za proizvoljno $a \in \mathcal{A}$:

$$\omega(\mathbb{1})\omega(a) = \omega(\mathbb{1}a) = \omega(a).$$

Neka je $a \in \mathcal{A}$ i neka je $\lambda \in \mathbb{C}$ takav da je $\lambda \notin \sigma(a)$. Tada postoji $b \in \mathcal{A}$ takav da je $(\lambda\mathbb{1} - a)b = \mathbb{1}$ odakle sledi:

$$(\lambda - \omega(a))\omega(b) = \omega(\lambda\mathbb{1} - a)\omega(b) = \omega(\mathbb{1}) = 1,$$

pa mora važiti $\omega(a) \neq \lambda$. Dakle, za svako $\lambda \notin \sigma(a)$ važi $\omega(a) \neq \lambda$, što povlači $\omega(a) \in \sigma(a)$. Zato je $|\omega(a)| \leq r(a) \leq \|a\|$. Kako je $\omega(a^*a) \in \sigma(a^*a) \subseteq [0, \infty)$ to mora biti $\omega(a^*a) \geq 0$. □

Dakle, svaki karakter je ograničen linearan funkcional norme ne veće od 1, tj. spektar $\sigma(\mathcal{A})$ je podskup jedinične kugle u dualnom prostoru $\mathcal{A}^*$.

Teorema 4.4.3. *Neka je ω nenula linearan funkcional komutativne C^*-algebre $\mathcal{A}$. Tada je ω čisto stanje ako i samo ako je karakter, tj. $\sigma(\mathcal{A}) = P(\mathcal{A})$.*

Dokaz. Na osnovu Teoreme 4.2.6, stanje je čisto ako i samo ako je multiplikativno, tako da preostaje još samo da se dokaže da je norma karaktera ω jednaka 1. Neka je $(e_\lambda)_\lambda$ aproksimativna jedinica u $\mathcal{A}$. Iz multiplikativnosti karaktera ω i Teorema 3.4 i 3.5 sledi:

$$\|\omega\| = \lim_\lambda \omega(e_\lambda^2) = \lim_\lambda \omega(e_\lambda)\omega(e_\lambda) = (\lim_\lambda \omega(e_\lambda))^2 = \|\omega\|^2$$

odakle zaključujemo da je $\|\omega\| = 1$. □

Primer 4.4.1. Neka je X lokalno kompaktan Hausdorfov prostor. Stanje ω C*-algebre $C_0(X)$ je čisto ako i samo ako važi:

$$(\exists x \in X)(\forall f \in C(X))\, \omega(f) = f(x).$$

Pretpostavimo da je ω čisto stanje, označimo sa μ meru za koju je $(\forall f \in C_0(X))\omega(f) = \int\limits_X f d\mu$ i dokažimo da za svaka dva neprazna, disjunktna skupa $X_1, X_2 \subseteq X$ mora važiti $\mu(X_1) = 0$ ili $\mu(X_2) = 0$. Iz disjunktnosti ovih skupova sledi da možemo konstruisati pozitivne funkcije $f_1, f_2 \in C_0(X)$ takve da za nosače ovih funkcija važi: $X_1 \subseteq \operatorname{supp} f_1 = \{x \in X;\ f_1(x) \neq 0\}$, $X_2 \subseteq \operatorname{supp} f_2 = \{x \in X;\ f_2(x) \neq 0\}$ i $\operatorname{supp} f_1 \cap \operatorname{supp} f_2 = \emptyset$, odakle sledi da je $f_1 f_2 = 0$. Kao čisto stanje, ω je karakter, što povlači:

$$\omega(0) = \omega(f_1 f_2) = \omega(f_1)\omega(f_2).$$

Dakle, mora važiti $0 = \omega(f_1) = \int\limits_X f_1 d\mu$ ili $0 = \omega(f_2) = \int\limits_X f_2 d\mu$ odakle sledi da je $\mu(X_1) \leq \mu(\operatorname{supp} f_1) = 0$ ili $\mu(X_2) \leq \mu(\operatorname{supp} f_2) = 0$. Na osnovu ovog zaključka sledi da je, za neko $x \in X$, $\operatorname{supp} \mu = \{x\}$, što povlači $\omega(f) = \int\limits_X f d\mu = f(x)$.

Sa druge strane, ako postoji $x \in X$ takvo da je $(\forall f \in C_0(X))\omega(f) = f(x)$, onda je za proizvoljne $f, g \in C_0(X)$:

$$\omega(fg)(y) = (fg)(y) = f(y)g(y) = \omega(f)\omega(y), \quad y \in X,$$

tj. ω je karakter.

Teorema 4.4.4 (Stoun-Vajerštras). *Neka je X lokalno kopaktan Hausdorfov prostor i neka je F podalgebra od $C_0(X)$. Skup F je gust u $C_0(X)$ ako i samo ako važi $(\forall x \in X)(\exists f \in F)\ f(x) \neq 0$ i F razdvaja tačke u X, tj. $(\forall x, y \in F)(x \neq y \Rightarrow (\exists f \in F) f(x) \neq f(y))$.*

Teorema 4.4.5 (Geljfand-Naimark). *Ako je $\mathcal{A}$ komutativna C^*-algebra onda je njen spektar $\sigma(\mathcal{A})$ lokalno kompaktan Hausdorfov prostor u odnosu na slabu*-topologiju duala $\mathcal{A}^*$. Pri tom, $\mathcal{A}$ je *-izomorfna sa algebrom $C_0(\sigma(\mathcal{A}))$ svih neprekidnih funkcija na $\sigma(\mathcal{A})$ koje iščezavaju u beskonačnosti. $\sigma(\mathcal{A})$ je slabo*-kompaktan ako i samo ako $\mathcal{A}$ sadrži jedinicu.*

Dokaz. Da dokažemo da je $\sigma(\mathcal{A})$ lokalno kompaktan u slaboj*-topologiji posmatrajmo $\omega \in \sigma(\mathcal{A})$ i dokažimo da postoji okolina $K_\omega \subset \sigma(\mathcal{A})$ ove tačke čije je zatvorenje slabo*-kompaktan skup. Moguće je izabrati $a \in \mathcal{A}_+$ takav da je $\omega(a) > 0$ pa se, bez gubljenja opštosti, može pretpostaviti da je $\omega(a) > 1$. Skup $K_\omega = \{\rho \in \sigma(\mathcal{A});\ \rho(a) > 1\}$ je, očigledno, otvoren i sadržan je u jediničnoj kugli $\mathcal{A}_1^*$ jer je $\sigma(\mathcal{A})$ sadržan u njoj. Ako je $(\rho_n)_n$ niz u $\overline{K_\omega} = \{\rho \in \sigma(\mathcal{A});\ \rho(a) \geq 1\}$ koji teži ka ρ onda je $\rho \in \sigma(\mathcal{A})$ i $\rho(a) = \lim\limits_{n\to\infty} \rho_n(a) \geq 1$. Dokazali smo da je $\overline{K_\omega}$ slabo*-zatvoren podskup slabo*-kompaktne jedinične kugle, pa je i sam slabo*-kompaktan. Dakle, K_ω je okolina tačke ω takva da je $\overline{K_\omega}$ slabo*-kompaktan skup pa, zbog proizvoljnosti tačke $\omega \in \sigma(\mathcal{A})$ sledi da je $\sigma(\mathcal{A})$ lokalno kompaktan prostor. Ovo nas navodi na posmatranje prostora $C_0(\sigma(\mathcal{A}))$ pa definišemo preslikavanje $G : a \mapsto \hat{a}$ sa:

$$(\forall \omega \in \sigma(\mathcal{A}))\ \hat{a}(\omega) = \omega(a),\ a \in \mathcal{A}.$$

Vidimo da su $\hat{a}$ neprekidne funkcije iz $\sigma(\mathcal{A})$ u $\mathbb{C}$, a pri tom za proizvoljne $a, b \in \mathcal{A}$ i $\omega \in \sigma(\mathcal{A})$ važi:

$$G(ab)(\omega) = \hat{ab}(\omega) = \omega(ab) = \omega(a)\omega(b) = \hat{a}(\omega)\hat{b}(\omega) = G(a)(\omega)G(b)(\omega),$$

$$G(a^*)(\omega) = \omega(a^*) = \overline{\omega(a)} = \overline{G(a)},$$

odakle sledi da je G *-homomorfizam. Kako su elementi skupa $\sigma(\mathcal{A})$ stanja to su njihove norme jedinične, odakle sledi:

$$\|\hat{a}\| = \sup_{\omega\in\sigma(\mathcal{A})} |\omega(a)| \leq \|a\|.$$

Sa druge strane, prema Teoremi 4.3.2 za proizvoljno $a \in \mathcal{A}$ postoji karakter ω_a za koji je $\omega(a^*a) = \|a\|^2$ na osnovu čega je:

$$\|\hat{a}\|^2 = \sup_{\omega\in\sigma(\mathcal{A})} |\hat{a}(\omega)|^2 = \sup_{\omega\in\sigma(\mathcal{A})} |\omega(a)|^2 = \sup_{\omega\in\sigma(\mathcal{A})} |\omega(a^*a)| \geq \omega_a(a^*a) = \|a\|^2.$$

Dakle, G je izometrični *-homomorfizam, odakle sledi da je *-izomorfizam iz $\mathcal{A}$ na $G(\mathcal{A})$.

Za svako $\epsilon > 0$ skup $K_\epsilon = \{\omega \in \sigma(\mathcal{A});\ |\omega(a)| \geq \epsilon\}$ je slabo*-kompaktan, što se može dokazati slično prvom delu ovog dokaza. Dakle, $\hat{a}$ iščezava u beskonačnosti, tj. preslikavanje G je *-izomorfizam iz $\mathcal{A}$ na $G(\mathcal{A}) \subseteq C_0(\sigma(\mathcal{A}))$. Međutim, kako za $\omega_1, \omega_2 \in \sigma(\mathcal{A})$ iz $\omega_1 \neq \omega_2$ sledi da postoji neki $a \in \mathcal{A}$

za koji je $\hat{a}(\omega_1) = \omega_1(a) \neq \omega_2(a) = \hat{a}(\omega_2)$, to sledi da $G(\mathcal{A})$ razdvaja svoje tačke. Na osnovu Stoun-Vajerštrasove teoreme, $G(\mathcal{A}) = C_0(\sigma(\mathcal{A}))$.

Ukoliko $\mathcal{A}$ sadrži jedinicu, onda je $\overline{K_{\mathbb{1}}} = \{\rho \in \sigma(\mathcal{A});\ \rho(2\mathbb{1}) \geq 1\} = \sigma(\mathcal{A})$ pa se, rasuđivanjem primenjenim na $\overline{K}_\omega$ u prvom delu dokaza, može zaključiti da je $\sigma(\mathcal{A})$ kompaktan skup. Obratno, ako je $\sigma(\mathcal{A})$ kompaktan skup onda $C_0(\sigma(\mathcal{A})) = C(\sigma(\mathcal{A}))$ sadrži konstantne funkcije, odakle sledi da $\mathcal{A}$ mora sadržati jedinicu zbog izometričnosti. □

U primeru 2.1.4 smo videli da je, za lokalno kompaktan Hausdorfov prostor X, $C_0(X)$ komutativna C*-algebra, a sada smo dokazali i neki vid obrata- da je svaka komutativna C*-algebra izometrički izomorfna sa $C_0(X)$, za $X = \sigma(\mathcal{A})$. U pomenutom primeru smo zaključili i da je $C_0(X)$ C*-podalgebra od $\mathcal{B}(L^2(X;\mu))$ pa je u tom smislu G reprezentacija algebre $\mathcal{A}$ i naziva se *Geljfandova reprezentacija*.

Glava 5

Primene teorije C*-algebri

Upotreba C*-algebri može olakšati rad u mnogim oblastima matematike, kao što su numerička analiza, nekomutativna geometrija i teorija reprezentacija, ali i u raznim oblastima fizike, na primer u klasičnoj mehanici, kvantnoj mehanici, teoriji kvantnih polja, statističkoj fizici. Rezultati dokazani u ovom radu najznačaniji su za fiziku, prvenstveno kvantnu mehaniku, jer je ona bila motivacija za njihovo otkrivanje, dok je za razmatranje primene C*-algebri u matematici potrebno njihovo dublje razumevanje. Stoga će ukratko biti opisano samo kako se C*-algebre mogu primeniti u fizici.

5.1. Klasična mehanika

Klasična mehanika je deterministički zasnovana, što znači da ukoliko želimo da analiziramo ponašanje neke čestice i ukoliko su nam poznati početni uslovi problema, tj. položaj i impuls te čestice u početnom trenutku vremena, onda možemo tačno odrediti putanju kretanja te čestice. Stanja jednočestičnog sistema su tačke $(\vec{r}, \vec{p})$ faznog prostora, gde $\vec{r} = (x, y, z)$ predstavlja vektor položaja čestice, a $\vec{p} = (p_x, p_y, p_z)$ njen impuls. Observable, tj. dinamičke varijable koje se mogu meriti (npr. položaj čestice, njen impuls, brzina, kinetička energija), su neprekidne funkcije koje zavise od položaja i impulsa čestice. Kako njihove vrednosti možemo izmeriti to one moraju biti realne funkcije. Dakle, u klasičnoj fizici observable su neprekidne realne funkcije definisane na faznom prostoru M, a stanja se mogu poistovetiti sa pozitivnim linearnim funkcionalima na ovoj algebri koja svakoj observabli pridužuju njenu vrednost u tom stanju, tj. ukoliko je sistem u stanju $S = (\vec{r}, \vec{p})$ onda se ovo stanje može posmatrati kao funkcional definisan sa:

$$\omega_S(f) = f(S), \quad f \in C(M).$$

U slučaju sistema sa n čestica, fazni prostor M će biti $6n$-dimenzionalan, stanja će biti njegove tačke $(\vec{r}_1, \vec{r}_2, \ldots, \vec{r}_n, \vec{p}_1, \vec{p}_2, \ldots, \vec{p}_n)$, a observable neprekidne realne funkcije definisane na njemu.

Kako je fazni prostor lokalno kompaktan Hausdorfov prostor, to možemo zaključiti da su observable samoadjungovani elementi C*-algebre $C(M)$, što je od izuzetnog značaja jer to znači da svi fizički sistemi, koji se mogu međusobno drastično razlikovati, dele sve osobine C*-algebri. Sa druge strane, na osnovu komutativne verzije Geljfand-Naimarkove teoreme, poznavanje C*-algebre observabli nam omogućava određivanje faznog prostora kao spektra te algebre, što nam daje informacije o mogućim položajima čestice.

Kod sistema sačinjenih od velikog broja čestica (preciznije reda veličine Avogadrovog broja koja je približno $6 \cdot 10^{23}$) ovakav pristup postaje značajno komplikovaniji pa se rad uprošćava prelaskom na statističku mehaniku koja ima probabilistički pristup. Umesto izračunavanja vrednosti observable pomoću informacija o položajima i impulsima velikog broja čestica, možemo ponoviti N puta eksperiment u kome merimo vrednost te observable, pri čemu je sistem pri svakom ponavljanju u istom stanju. Intuitivno je da se za vrednost observable u tom stanju uzme srednja vrednost rezultata dobijenih u N merenja. Drugim rečima, observable posmatramo kao slučajne promenljive, a stanja sistema kao raspodele verovatnoća, odnosno kao funkcije koje svakoj promenljivoj pridružuju njenu očekivanu vrednost u tom stanju. Ovakvo uopštenje stanja je u skladu sa Primerom 3.1, iz koga se vidi da se stanja C*-algebre $C(M)$ mogu poistovetiti sa merom verovatnoće, i Primerom 4.4.1, na osnovu koga se može zaključiti da su sva stanja u klasičnoj mehanici čista.

5.2. Kvantna mehanika

Početkom 20. veka fizičari su u više eksperimenata otkrili izvesne nepravilnosti koje su dovele do otkrivanja kvantne mehanike koja, za razliku od klasične fizike, nije deterministička, tj. nije moguće odrediti putanju kretanja čestice na osnovu početnih uslova. Zapravo, u kvantnoj fizici trajektorije ne postoje, već observable uzimaju diskretne vrednosti pa samim tim i položaj čestice neće biti neprekidna funkcija. Iako nije moguće predvideti ponašanje čestice, moguće je izvršiti eksperiment u kome će se izmeriti vrednost željene observable u određenom stanju sistema. Ukoliko ponovimo takav eksperiment veliki broj puta možemo odrediti učestanost svakog od mogućih rezultata merenja. Na taj način se dobijaju verovatnoće da u određenom stanju sistema posmatrana observabla ima svaku od mogućih vrednosti. Prirodno je uzeti srednju vrednost izmerenih rezultata kao vrednost observable u tom stanju, odnosno očekivanu vrednost slučajne promenljive čija je raspodela dobijena na osnovu učestanosti izmerenih rezultata u n ponovljenih identičnih, nezavisnih eksperimenata. Dakle, možemo smatrati da je sistem pre merenja u superpoziciji, odnosno konveksnoj kombinaciji takozvanih stacionarnih stanja u kojima je tačno određena vrednost observable, i da se tek u trenutku merenja sistem „opredeljuje" za određenu vrednost observable, tj. određeno stacionarno stanje. Funkcija koja opisuje verovatnoće da sistem pri merenju „izabere" svako od stacionarnih stanja, naziva se talasna funkcija, stanje sistema ili vektor stanja. U trenutku neposredno nakon što je izmerena vrednosti observable, verovatnoća da ta observabla ima izmerenu vrednost jednaka je jedinici, a verovatnoće svih ostalih mogućih vrednosti observable jednake su nuli, zbog čega talasna funkcija više nije superpozicija stacionarnih stanja, već opisuje samo jedno od njih- ono stacionarno stanje u kome posmatrana observabla ima izmerenu vrednost. Ovaj čin promene talasne funkcije iz superpozicije u stacionarno stanje koje se dešava pri merenju observable, naziva se kolapsom talasne funkcije. Pre nego što se došlo do ovih zaključaka mnogi naučnici su pokušali da formulišu kvantnu mehaniku na, manje ili više, strog način i pri tom su se izdovjile dve formulacije- matrična mehanika Vernera Hajzenberga i talasna mehanika Ervina Šredingera.

U slučaju sistema sa n čestica mase m, Hajzenberg je vektore položaja i impulse čestica poistovetio sa operatorima q_i i p_j , $i, j = \overline{1, n}$, koji su definisanim na Hilbertovom prostoru H i zadovoljavaju kanoničke relacije komutacije:

$$[p_i, p_j] = [q_i, q_j] = 0,$$

$$[p_i, q_j] = -i\hbar\delta_{ij},$$

gde je $\hbar \approx 1,05 \cdot 10^{-34} J \cdot s$ redukovana Plankova konstanta, $\delta_{ij} = \begin{cases} 0 & i \neq j \\ 1 & i = j \end{cases}$ Kronekerova delta funkcija, a izraz $[A, B]$ komutator operatora A i B koji je jednak nuli ukoliko ovi operatori komutiraju jer se definiše na sledeći način:

$$[A, B] = AB - BA.$$

Observable se, u opštem slučaju, menjaju sa protokom vremena, a tu promenu operatora koji zadovoljavaju prethodne uslove je Hajzenberg opisao jednačinom:

$$\frac{\partial A_t}{\partial t} = \frac{i}{\hbar}[H, A_t],$$

gde je $H = \sum_{i=1}^{n} \frac{p_i^2}{2m} + V(r_1, r_2, \dots, r_n)$ Hamiltonijan sistema, čiji prvi sabirak predstavlja ukupnu kinetičku energiju sistema, a drugi potencijalnu energiju, tj. energiju međusobne interakcije čestica. Maks Born je uvideo da su operatori koje je Hajzenberg uveo zapravo matrice, zbog čega je ta teorija postala poznata kao matrična mehanika i zbog čega je Hajzenberg došao do zaključka da observable u opštem slučaju ne komutiraju. Ukoliko dve observable komutiraju, i njima pridružene matrice će komutirati pa je moguće dijagonalizovati ih obe i odrediti njihove sopstvene vrednosti. Hajzenberg u svojoj teoriji nije pominjao rezultate merenja, ali je Džon fon Nojman kasnije uvideo da precizno merenje vrednosti observable mora biti neka od sopstvenih vrednosti matrice pridružene toj observabli, a danas je ovaj zaključak jedna od aksioma kvantne mehanike. Pri tom će nastupiti kolaps vektora stanja i on će uzeti vrednost odgovarajućeg sopstvenog vektora te matrice.

Ervin Šredinger je kvantnu mehaniku zasnovao na kompleksnoj funkciji $\psi_t(\vec{r}_1, \vec{r}_2, \dots \vec{r}_n)$ koja zavisi od položaja čestica i vremena, i koja dinamiku sistema (sačinjenog od n čestica masa m čija je međusobna interakcija opisana potencijalnom energijom V) opisuje vremenski zavisnom Šredingerovom jednačinom:

$$i\hbar\frac{\partial \psi_t}{\partial t}(\vec{r}_1, \vec{r}_2, \dots \vec{r}_n) = \Big(-\frac{\hbar^2}{2m}\sum_{i=1}^{n}\triangle_i + V(\vec{r}_1, \vec{r}_2, \dots, \vec{r}_n)\Big)\psi_t(\vec{r}_1, \vec{r}_2, \dots, \vec{r}_n),$$

gde je $\triangle_i$ Laplasov operator i-te čestice, tj. $\triangle_i \psi = \frac{\partial \psi}{\partial x_i} + \frac{\partial \psi}{\partial y_i} + \frac{\partial \psi}{\partial z_i}$, pri čemu su x_i, y_i i z_i koordinate vektora položaja i-te čestice. Fizički, funkcija $\rho_t(\vec{r}_1, \vec{r}_2, \dots, \vec{r}_n) = |\psi_t(\vec{r}_1, \vec{r}_2, \dots, \vec{r}_n)|^2$ se tumači kao gustina verovatnoće, u smislu da veličina $|\psi_t(\vec{r}_1, \vec{r}_2, \dots, \vec{r}_n)|^2 d\vec{r}_1 d\vec{r}_2 \cdots d\vec{r}_n$ predstavlja verovatnoću da se u trenutku vremena t, za svako $i = \overline{1, n}$, i-ta čestica sistema nađe u okolini tačke $\vec{r}_i$. Da bi funkcija ψ_t, koja se naziva talasna funkcija, zaista definisala gustinu verovatnoće na prethodno opisan način, mora važiti

$\int\limits_{\mathbb{R}^{3n}} |\psi_t(\vec{r}_1, \vec{r}_2, \dots, \vec{r}_n)|^2 d\vec{r}_1 d\vec{r}_2 \cdots d\vec{r}_n = 1$ pa se zahteva da ψ_t bude normiran element Hilbertovog prostora $L^2(\mathbb{R}^{3n})$ svih kvadratno integrabilnih kompleksnih funkcija definisanih na prostoru $\mathbb{R}^{3n}$. U ovako zasnovanoj teoriji observablama se pridružuju operatori definisani na skupu svih mogućih stanja sistema, npr. vektoru položaja i-te čestice sistema pridružuje se multiplikativni operator $q_i\psi = \vec{r}_i\psi$, dok se njenom impulsu pridružuje operator $p_i\psi = -\frac{i}{\hbar}\triangle_i$.

U Hajzenbergovoj reprezentaciji kvantne mehanike operatori (odnosno matrice) pridruženi observablama zavise od vremena, dok stanja sistema opisuju sopstveni vektori tih operatora i oni ne zavise od vremena. Kod Šredingerove reprezentacije situacija je obrnuta, stanje sistema opisuje funkcija koja je vremenski zavisna, dok operatori pridruženi vektoru položaja i impulsu ne zavise od vremena. Ne može se reći da je neka od ove dve reprezentacije pogodnija za rad jer to zavisi isključivo od konkretnog problema koji je potrebno rešiti i upravo zbog toga bi mogućnost biranja u kojoj će se reprezentaciji rešavati zadati problem bila izuzetno korisna. Upravo tu mogućnost pružio je Džon fon Nojman 1932. godine kada je dokazao ekvivalentnost ovih reprezentacija koristeći teoriju C*-algebri. Tada je postalo očigledno da su observable samoadjungovani operatori Hilbertovog prostora, a stanja normirani vektori tog prostora ili, ekvivalentno, observable su samoadjungovani elementi nekomutativne C*-algebre koja sadrži jedinicu, a stanja sistema su čista stanja te algebre. GNS konstrukcija predstavlja vezu između predstavljanja sistema pomoću Hilbertovog prostora i algebarskog predstavaljanja sistema pomoću C*-algebre generisane observablama. Sigal je uočio da, kako se za svako čisto stanje sistema može konstruisati ireducibilna kanonička reprezentacija, to je za proučavanje sistema dovoljno posmatrati samo ireducibilne reprezentacije odgovarajuće C*-algebre, a zbog unitarne jedinstvenosti kanoničke reprezentacije moguće je izabrati u kojoj će se reprezentaciji problem rešavati da bi se rad što je više moguće olakšao.

Glava 6

Zaključak

U ovom radu je prikazano nekoliko interesantnih korelacija. Pre svega, postoji povezanost između samih stanja i reprezentacija, koju opisuje GNS konstrukcija. Zatim, kao posledica GNS konstrukcije, Geljfand-Naimarkova teorema ilustruje relaciju između dva naizgled sasvim nepovezana pojma-komutativnih C*-algebri i njihovih *-homomorfizama sa topološkim prostorima i njihovim neprekidnim funkcijama. Na kraju, razvoj teorije C*-algebri oslikava neraskidivu uzajamnu vezu između matematike i fizike: matematika obezbeđuje formalnost fizici, stroge temelje za izvođenje zaključaka i odgovore na mnoga pitanja, ali fizika uzvraća stalnim otkrivanjem nepoznatog, postavljanjem novih pitanja i motivacijom za pronalaženje metoda neophodnih za razumevanje i opisivanje sveta oko nas matematičkim jezikom.

Dalji rad bi mogao obuhvatiti izučavanje Hilbertovih C*-modula, koji predstavljaju uopštenje Hilbertovih prostora, i fon Nojmanovih algebri, koje su specijalan slučaj C*-algebri, kao i Tomita-Takesaki teoriju, koja se bavi automorfizmima fon Nojmanovih algebri, i primenu u kvantnoj mehanici i statističkoj fizici.

Literatura

[1] Ola Bratteli, Derek W. Robinson, *Operator Algebras and Quantum Statistical Mechanics 1*, Springer, Berlin-Heidelberg, 2002.

[2] Dragan S. Đorđević, *Algebras and Modules in Functional Analysis*, Faculty of Sciences and Mathematics, University of Niš, 2015.

[3] N. P. Landsman, *Lecture notes on C-algebras and quantum mechanics*, Draft 8 April 1998.

[4] B. Blackadar, *Operator algebras: theory of C-algebras and von Neumann algebras*, Springer, Berlin - Heidelberg - New York, 2006.

[5] M. Takesaki, *Theory of operator algebras I*, Second printing, Springer-Verlag, Berlin-Heidelberg-New York, 2002.

[6] Gerard J. Murphy, *C*-algebras and operator theory*, Academic Press, Inc., San Diego, 1990.

[7] I.E.Segal, *Irreducible Representations of Operator Algebras*, Bull. Amer. Math. Soc. 53, 1947

[8] Theodore W. Palmer, *Banach Algebras and The General Theory of *-Algebras, Volume II: *-Algebras*, Cambridge University Press, 1994.

[9] Jonathan James Gleason, *The C*-algebraic formalism of quantum mechanics*, 2009.
`http://www.math.uchicago.edu/~may/VIGRE/VIGRE2009/REUPapers/Gleason.pdf`

Biografija

Nevena Stanković je rođena 20.08.1990. u Nišu. Završila je osnovnu školu „Dositej Obradović" u Nišu kao nosilac Vukove diplome. Gimnaziju „Svetozar Marković" u Nišu, upisala je 2005. godine i završila 2009. godine. Tokom školovanja učestvovala je na mnogobrojnim takmičenjima iz matematike, fizike, srpskog i engleskog jezika. Osnovne studije matematike na Prirodno-matematičkom fakultetu upisala je 2009. godine i završila 2014. Iste godine upisuje master studije na smeru Matematički modeli u fizici koje završava 2017. godine sa prosekom 8.5, ne računajući ocenu master rada.